陈星灿　主编

写给青少年的考古书

与动物为伴

动物考古

吕鹏　著

中原出版传媒集团
中原传媒股份公司

大象出版社

·郑州·

图书在版编目(CIP)数据

与动物为伴 / 吕鹏著. -- 郑州 : 大象出版社,
2025. 6
(写给青少年的考古书 / 陈星灿主编)
ISBN 978-7-5711-2150-1

Ⅰ. ①与… Ⅱ. ①吕… Ⅲ. ①古动物学-中国-青少年读物 Ⅳ. ①Q915-49

中国国家版本馆 CIP 数据核字(2024)第 068419 号

写给青少年的考古书

与动物为伴

YU DONGWU WEI BAN

吕 鹏 著

出 版 人 汪林中
选题策划 管 昕
项目统筹 吕 鹏
责任编辑 李小希
责任校对 安德华
装帧设计 王莉娟
插画绘制 潘显荔

出版发行 大象出版社(郑州市郑东新区祥盛街 27 号 邮政编码 450016)
发行科 0371-63863551 总编室 0371-65597936
网 址 www.daxiang.cn
印 刷 北京汇林印务有限公司
经 销 各地新华书店经销
开 本 889 mm×1194 mm 1/16
印 张 10.25
字 数 144 千字
版 次 2025 年 6 月第 1 版 2025 年 6 月第 1 次印刷
定 价 49.00 元

印厂地址 北京市大兴区黄村镇南六环磁各庄立交桥南 200 米(中轴路东侧)
邮政编码 102600 电话 010-61264834

愿你在考古的星河中，

找到属于自己的光芒

陳星灿

总 序

亲爱的青少年朋友，当你翻开这套丛书时，或许你会想到考古学家头戴草帽、挥动手铲的画面，也或许脑中会闪过电影里惊险刺激的“寻宝”场景。但真正的考古远比你想象的更酷——它是科学与历史的交汇，是技术与人文的共舞。在这套丛书中，我们将带你走进一个全新的考古世界：在这里，显微镜能解码一粒古稻的生命之路，DNA 能复原一位 3000 年前战士的容颜，卫星影像能勾勒沙漠下失落城池的轮廓，同位素能揭示人和动物的食物来源，花粉能分辨出远古的气候波动和环境变迁。是的，这还只是考古学很少的一部分内容。现代考古学早已不再是“挖土”的艺术，而是一场跨越时空的科技探索之旅。

你是否想过，一块破碎的人骨能讲述什么故事？通过同位素分析，我们能判断古人一生迁徙的轨迹；扫描牙齿的微痕，我们能还原古人的饮食与健康状况；而颅骨的三维建模技术，能让千年前的古人在屏幕上重新微笑。不只人骨，动物骨骼也不再是博物馆里冰冷的展品，它们身上的切割痕迹昭示着远古的屠宰技术甚至古代社会的礼仪行为，残存的胶原蛋白则可能是揭示气候变迁的密码。就连一粒炭化的植物种子，也能在植物考古学家的实验室里，重现农业革命的壮阔历程。

考古学家就像侦探一样，但他们从不孤军奋战。在这套丛书中，你会看到化学家从陶片的残留物中分析古人的食谱；计算机专家用虚拟现实重建古代城市的繁华街市；物理学家通过金相分析不仅能鉴别出金属生产的不同阶段，也能分辨微妙的冶铸过程；动物考古学家通过动物的性别和年龄鉴定等分析手段，发现仰韶时代的中原地区开始了公猪阉割，而龙山时代的华北地

区已经开始剪羊毛了。这些发现告诉我们：科学与人文，从来都是人类认知世界的双翼。

科技手段让考古变得愈益精密，但考古学的灵魂始终是对“人”的关怀。我们分析新石器时代儿童的骨骼发育时，是在追问营养与文明的关系；我们在良渚古城的水利工程中看到现代工程的雏形时，是在思考人类如何与自然共生；我们在敦煌星图中发现唐代天文学家的宇宙观时，是在触碰人类对未知永恒的向往。考古不仅关乎过去，更是一面镜子——照见我们的来处，也映出未来的可能。

考古学家是拿着放大镜的诗人，他们能从破碎的陶片中感知整个文明的体温，在锈蚀的铜剑上触摸工匠或战士掌心的老茧。当你翻开这些书页，埋藏在土层或沉没于水下的故事就会苏醒：某位新石器时代工匠留在陶器上的指纹、南海沉船里尚未开封的越窑青瓷，甚至是被泥石流定格在惊恐瞬间的喇家遗址居民……所有被时光深埋的碎片，都在等待着你们新一代的破译者。

亲爱的青少年朋友，这套书不是一份“标准答案”，而是一封邀请函。它邀请你以科学家的严谨审视证据，以探险家的热情追问未知，以哲学家的胸怀思考文明。那些被深埋的故事，正等待着你们新一代人重新讲述。现在，请随着我们推开这扇时空之门——你手中的这套丛书，或许就是照亮前路的火种。

愿你在考古的星河中，找到属于自己的光芒。

陳星灿

2025 年 4 月

引 言

亲爱的青少年朋友们，

当你喝完一杯牛奶、吃完一个鸡蛋走向学校时，

当你和老师吟诵起《三字经》里“马牛羊，鸡犬豕。此六畜，人所饲”的千古名句时，

当你听爷爷唱起“蓝蓝的天上白云飘，白云下面马儿跑”的民歌时，

当你品尝妈妈端上的一盘色香味俱全的红烧肉时，

当你看爸爸穿上羊毛衫、俯身擦拭皮鞋时，

当你伏在窗前静静观察春燕衔泥搭窝时，

当你在温暖庭院里逗弄狗伴猫宠、悠然玩耍时，

当你在茫茫草原看到“风吹草低见牛羊”的壮丽美景时，

当你面对沙海大漠，耳畔响起悠悠驼铃声时——

你是否意识到动物与人类的关系是如此紧密呢？

你是否会惊叹于荒野之中飞禽走兽的野性之美呢？

你是否会想到它们是如何飞入我们的餐桌、进入我们的家庭、融入我们的社会的呢？

动物考古，就是研究动物与人类相伴相行历史的学问，她可以为我们解开这背后的文明密码。

那么，动物考古能够为我们讲述怎样的人类与动物的故事呢？

就让我们由一根来自考古遗址的动物骨骼说起，穿越万年时空，去追寻云中飞禽、林中走兽、水中锦鳞，去探寻动物远离荒野、步入人类社会的历程吧！

一根骨头的故事

慧眼识骨

动物好伙伴

目 录

与神灵交会

俗世之骨

万物生长的困境

附录

一根骨头的故事

动物考古就是研究动物遗存的一门科学，当一处考古遗址中发掘出土动物遗存时，动物考古学者就该上场工作了。

动物考古学者就像是福尔摩斯大侦探一样，手段越高明，观察得越仔细，思考得越深入，得到的信息就越多。

这，是一根骨头。

一根动物的骨头。

确切一点说，这是一根绵羊的右侧胫骨（也就是小腿骨）远端的骨骼标本。

再确切一点说，这是一根来自青海省民和县喇家遗址的动物骨骼标本（图 1-1）。

喇家遗址出土有数以万计这样的动物遗存（图 1-2），这件保存长度不足 5 厘米的动物残骨实在很不起眼，但我们仔细观察它的话，就会有更多的发现：

这件标本的骨骺已经愈合，说明这只绵羊已经成年；

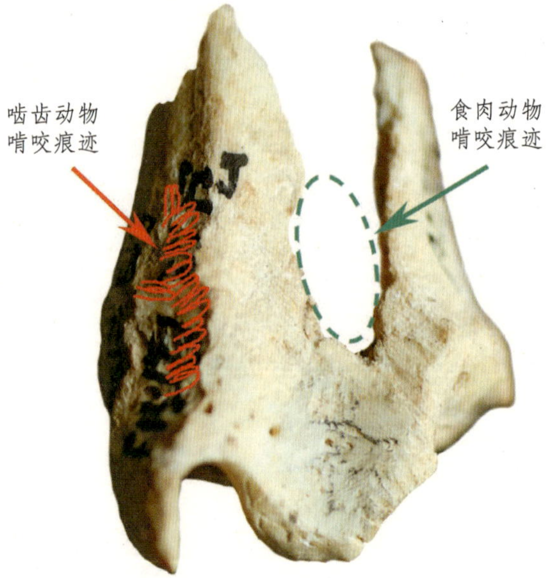

图 1-1　青海民和喇家遗址出土绵羊遗存

骨骼的表面有轻微的风化痕迹，说明在它被遗弃之后很短的时间内就被泥土掩埋；

骨体部位有食肉动物啃咬痕迹，说明它在被人类利用之后，其残余的油脂和骨髓又被某种食肉动物（很可能是狼或狗）再次消费；

骨体部位有啮齿动物啃咬痕迹，说明它被掘洞挖穴的老鼠当成过“磨牙棒”；

这处遗址中绵羊骨骼最为常见，说明它们已成为为人类所用的主要动物资源；

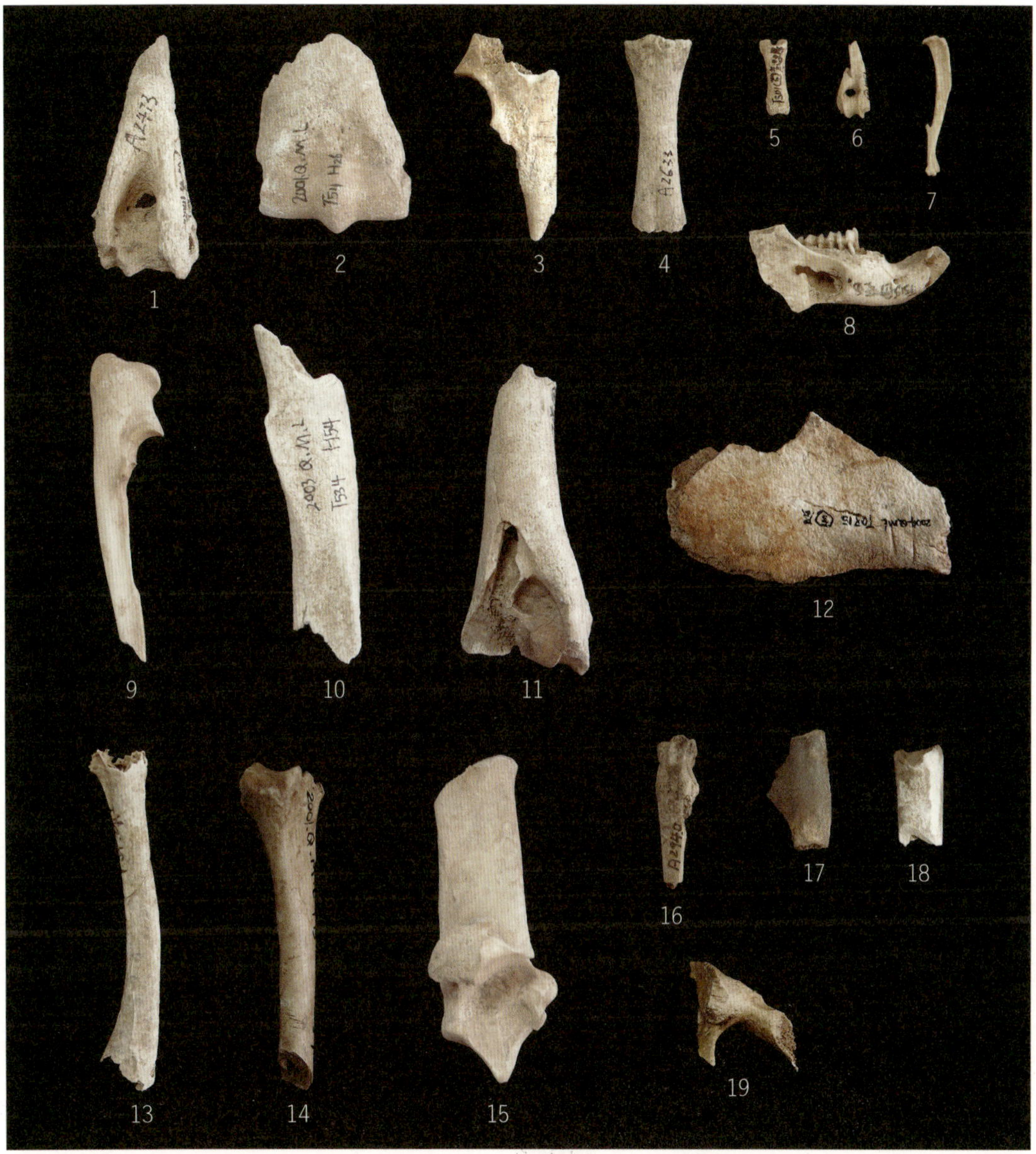

图 1–2　青海民和喇家遗址出土动物遗存

图中数字表示：1. 狍　2. 马　3. 绵羊　4. 山羊　5. 小型犬科动物　6. 兔　7. 鼠　8. 旱獭　9. 狍　10. 猪　11. 绵羊　12. 猪　13. 中型鸟类动物　14. 绵羊　15. 梅花鹿　16. 绵羊　17. 中型哺乳动物（烧骨）　18. 中型哺乳动物（烧骨）　19. 绵羊

…………

动物考古学者就像是福尔摩斯大侦探一样，手段越高明，观察得越仔细，思考得越深入，得到的信息就越多。

于是，我的脑海里浮现出这样一则故事：

这个故事发生在 4000 年前，黄河上游岸边一个名叫喇家的史前村落里。

故事的主人公就是这一根绵羊的右侧胫骨，它来自一只成年的绵羊。绵羊的野生祖先是盘羊，家养绵羊与人类结盟的历史可以追溯到距今 10000 年伊朗西南部扎格罗斯及其周边地区；距今 5500—5000 年时，家养绵羊出现在我国的甘青地区并沿着黄河顺流而下，在距今 4500—4000 年时到达了黄河中下游地区。

此时的喇家村落，正值黄昏，夕阳的余晖洒在黄河的水面上，做着一天当中最后的告别。黄河水静静地拍打着河岸，岸边的老槐树上拴着一头老黄牛，它哞哞地叫着，讲述着自己的家族故事：它的野生祖先是原牛，早在距今 10000 年的西亚的卡耀努 (Çayönü) 遗址、幼发拉底河的佳得 (Dja’ de) 遗址中，家养黄牛已经开始与人相伴；距今 5500—5000 年时，它们兵分两路，分别从西北地区、东北地区进入中国腹地。

房子里升起了炊烟，房前屋后的狗突然汪汪汪地叫了起来，远方也传来狗的叫声，那是跟随猎人们出去打猎的猎犬在应和它们。狗是人类最早的伙伴，虽然现在它们形态各异，但其野生祖先只有一个——灰狼。在华夏大地上，它们在距今 10000 年时已经出现在河北保定南庄头遗址。

暮色加重了，星星悄悄探出了头。猎人们一路欢声笑语，带来了各种野味：有身大体壮的马鹿、有矫健俊逸的梅花鹿、有傻里傻气的狍、有善跑可爱的野兔，甚至还有一只凶猛残暴的熊。农人们从谷子地里回来，一路上讨论着小米、大豆、麻和小麦的种植经验。牧人们赶着羊群回来，羊群里多是绵羊，偶然也会有一两只山羊(图1-3)——这些祖先是野山羊(图1-4)、同样起源于西亚扎格罗斯地区的小家伙们刚刚来到这个地方，活蹦乱跳，对一切都充满着新奇。

图1-3　山羊形态图

村子里已经忙活起来。篝火点燃，火上烤了一只羊，孩子们追逐打闹，一刻也不得闲。男人们用锋利的石器在鹿骨上雕琢刻画，一件件骨器在手里诞生。女人们把尚未完工的陶器放下，一边招呼孩子们吃饭，一边把一碗碗热腾腾的、用小米做成的面条捧了上来——在喇家遗址2号房址居住面上，考古人员发现1件倒扣的齐家文化篮纹陶碗，碗内残留物经鉴定为用小米粉压制而成的面条，并配有肉末儿和调料等多种成分，这是迄今世界上发现的最早的面条实物考古遗存。

图1-4　野山羊形态图

此时此刻，一切都很完美！

但是，圈里的猪似乎预感到了什么，它们惊恐地嗷嗷叫着，并试图翻越圈栏，女人们以为这些猪饿了，把一些残羹冷炙倒到圈槽里，转身又回去享受晚餐。这些家猪是土生土长的本地猪，它们的野生祖先是野猪，9000—8500年前的河南舞阳贾湖遗址的先民最先开始了猪的驯化，到7000年前，家猪已经遍及华夏大地，黄河上游的甘肃秦安大地湾、黄河中游的河南渑池班村、黄河下游的山东章丘小荆山，淮河流域的安徽蚌埠双墩，长江流域的重庆丰都玉溪和浙江杭州跨湖桥等遗址都留下过家猪家族最初的足迹。

突然，一道闪电划破夜空，地震突如其来。接着山洪一拥而至，以摧枯拉朽之势，喧嚣着自然的伟力，一切迅即归于死寂——

这根骨头，被埋在了土里，连同挣扎、躲避或呼喊的人群。晚上，流离失所的狗和狼用尖利的牙齿啃咬着骨头，吸食着残余的骨髓和油脂；老鼠也出动了，它们开始啃咬骨头，打磨着它们不断生长的门齿。日复一日，年复一年，细微的植物根系在骨骼表面留下各种花纹。风吹过，带走了尘沙，骨头被暴晒在阳光下，内部的油脂早已消失殆尽，骨头表面开始出现细微的裂纹……

这根骨头的故事似乎已经结束了，其实不然——

斗转星移，4000 年的时间过去了。

2001 年，中国社会科学院考古研究所和青海省文物考古研究所的考古工作者在考古发掘喇家遗址时获取了这根动物骨骼及其他的动物遗存。喇家遗址是我国首个经多年考古发掘和科学论证的史前灾难遗址，因发现史前地震、泥石流、洪水等遗迹，以及灾后遗存特别是人骨遗骸等，被称为“东方庞贝”。

2012 年开始，中国社会科学院考古研究所动物考古实验室开始对该遗址出土的动物遗存进行鉴定、测试和研究工作。

现在，这根骨头正静静地印在书页上，开动脑筋，认真观察，仔细思考，你就能读懂动物考古学者讲述的关于这根骨头的故事！

什么是动物考古

当动物考古学者拿起一根动物骨头的时候，就像是普罗米修斯举起了火种，光芒照耀大地，他首先会看到一只“灵兽”的所有信息：

动物的大小、重量、健康状况；

动物的种属、部位、性别、年龄、痕迹；

动物的生态、分布、食性、谱系、演化。

动物考古学者的慧眼不仅会穿破迷雾，更会洞察本质，他们仿佛坐上了机器猫的时空穿梭机，穿越到这根骨头所在的时空，一幅人类与动物为伴的历史画卷据此展开：

那时，天高任鸟飞，海阔凭鱼跃。

那时，狗吠深巷中，鸡鸣桑树颠。

那时，霜落熊升树，林空鹿饮溪。

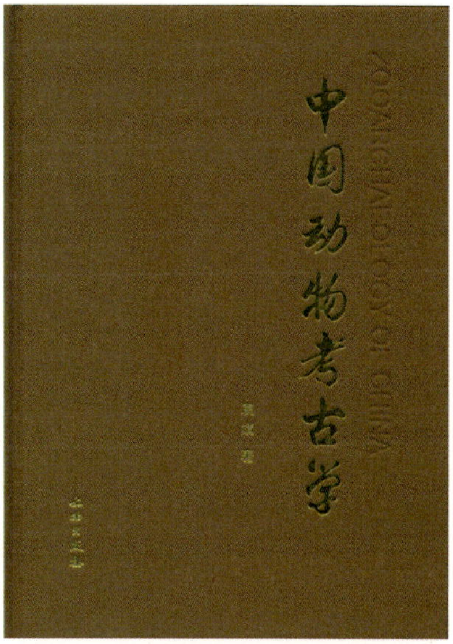

图 1-5　袁靖著《中国动物考古学》封面

什么是动物考古学？

中国著名动物考古学家、中国社会科学院考古研究所袁靖先生在其著作《中国动物考古学》(图 1-5) 中给出了经典定义：

动物考古学 (Zooarchaeology) 又称考古动物学 (Archaeozoology)，是研究古代遗址中出土的动物遗存的科学，通过对考古遗址中出土的动物遗存等进行科学和系统的采集，开展鉴定、观察、测量、测试及各种统计和分析，结合考古学的文化背景进行探讨，认识古代动物的种类、古代的自然环境和古代人类与动物的各种关系及古代人类的行为，从特定的角度来研究古代社会的经济生活和文化生活，探讨人类文明演进的历史。

简单而言，动物考古就是研究动物遗存的一门科学，当一处考古遗址中发掘出土动物遗存时，动物考古学者就该上场工作了。

知识链接

恐龙研究属于动物考古吗？

两者相同的地方在于都是研究动物的。但两者属于不同的学科，恐龙研究属于古生物学研究范围，研究的时间段内还没有人类，主要是从演化的角度开展研究工作。而动物考古属于考古学研究范围，是研究人类与动物相伴相行历史的一门学问，因此主要研究百万年的人类史，特别是伴随着农业起源的一万年以来的文化史。

骨头的千变万化

要认识古代的动物遗存，我们必须要了解现代的动物骨骼长什么样子，我所在的科技考古中心的同事们总是会帮我们搜寻到一些动物骨骼来。某一日，窗外夏蝉肆意喧嚣，刘老师打电话给我，说他正在享用一个麻辣牛头，肉吃完了，牛头要不要？要，当然要！ 37 摄氏度的溽夏中午，牛头硕大且沉重，刘老师顶着酷暑，骑自行车把用编织袋装着的牛头送过来，一路播撒麻辣香味。自此，动物考古实验室里多了一件短角黄牛头骨标本，散发着浓郁、直爽、火辣而热情的味道。

动物遗存是动物考古学的研究对象。按照实物与痕迹的区分，动物遗存可以分为动物遗物和动物遗迹两类。

考古遗址里出土的动物实物，可以称为遗物。最主要的就是动物本身的遗物，包括动物骨骼、牙齿、角、毛、羽、鳞、耳石、蛋壳、贝壳、干尸、粪便等。此外，人类为了开发和利用动物资源，会使用各种用具，如驾驭马匹用的马笼头 (图 1-6) 等；能够艺术化地反映人类对于动物的认知和利用的动物造型的人工制品，如制造的红陶猪形鬶 (图 1-7)、

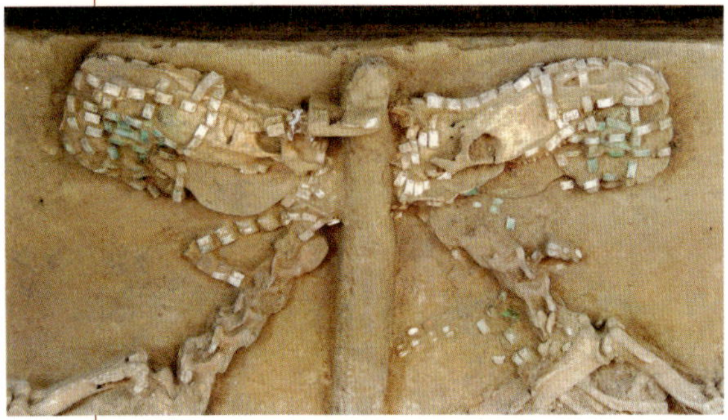

图 1-6　河南安阳殷墟遗址出土马笼头

这件马笼头出土于河南安阳殷墟遗址安钢地点，时代为商代晚期。马笼头由牙片制成，牙饰除镶嵌外，还可以作为车马器使用。马和马车遗存直至商代晚期才在黄河流域中下游地区突发式大规模出现，随葬和埋葬马或车马的马坑和车马坑的考古现象在河南安阳殷墟、陕西西安老牛坡和山东滕州前掌大遗址中均有发现。用华贵的物品来装饰马，从一个侧面反映了马在当时是一种宝贵的资源，可能主要用于仪仗活动或王室贵族出行。

图 1-7　山东泰安大汶口遗址出土红陶猪形鬶

这件红陶猪形鬶出土于山东泰安大汶口遗址 M9，时代为距今 6100—4600 年的大汶口文化。猪形鬶为盛水（酒）器，由夹砂红陶制成，通体挂红陶衣，圆头，拱鼻，张口，双耳高耸，耳穿小孔，四足站立，短尾上翘，体形肥圆，似乎正在向主人讨食吃。大汶口遗址出土动物遗存中，以猪的数量最多，依据猪遗存的骨骼形态、死亡年龄和性别等，我们可以认定其为家猪种群，这反映了当时家猪饲养业发展到较高水平。尤为值得注意的是，43 座墓葬中出土猪头骨 96 个，性别以雌猪和疑似雌猪为主。这说明大汶口遗址的史前先民已经能够熟练地分辨和使用不同性别的家猪个体，很有可能已经出现了对幼年雄猪的阉割。

图 1-8　甘肃嘉峪关新城魏晋墓出土宰猪题材壁画

这幅宰猪题材壁画出土于甘肃嘉峪关新城魏晋墓 M6，其年代为公元 220—316 年。画面中一头猪陈于几上，几下有盆，人立于猪后部，右手扶猪臀部，左手执一柄长物插入猪左后腿。壁画表现的内容应当为屠宰猪时的“吹猪”动作：将长钎插入猪后腿，向前穿过猪的躯体，冲长钎吹气直到猪身膨胀，这样便于将猪毛刮净。几下所置之盆符合宰猪时放血接血的需要。

图 1-9　河南安阳殷墟遗址出土骨笄

这件骨笄出土于河南安阳殷墟遗址宫殿宗庙区妇好墓，时代为商代晚期。骨笄残长 20.2 厘米，笄首呈夔龙形，刻有锯齿状扉棱，扉棱上有圆孔，夔目呈“臣”字样，张口露齿，从夔龙口中伸出通体磨光的细长笄杆。骨料来源可能是黄牛肢骨。黄牛饲养业在商代晚期已经较为发达，黄牛骨骼已成为主要的骨料来源，选取骨骼部位以掌骨和跖骨为主。

绘制的宰猪图（图 1-8）等；那些古人用动物骨骼、角、牙、甲、皮等制成的各种器具或器物，如骨笄（图 1-9）、象牙杯（图 1-10）、蚌刀（图 1-11）等也应归入动物考古的研究对象。

考古遗址里出土的动物活动的痕迹，可以称为遗迹。例如：考古工作者在陕西西安栎阳城遗址中发现了已有 2000 年历史的牛蹄印（图 1-12）和犁沟痕迹，这是首次在秦汉都城附近发现农田景观，说明牛犁耕作技术在秦汉时期已广泛应用于农业活动中。

在所有动物遗存中，动物骨骼和牙齿是考古遗址中最为常见的两类动物遗存，它们能够提供非常重要的信息，所以就成为动物考古学者主要的研究对象。接下来，就让我们重点认识一下神奇的动物骨骼和牙齿。

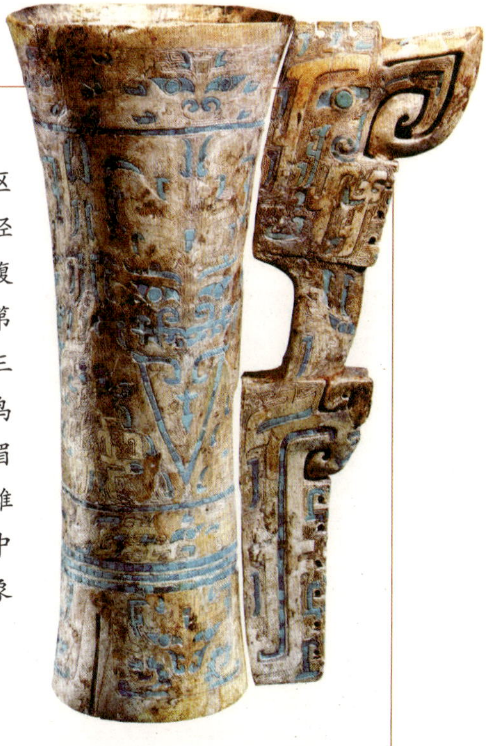

图 1-10　河南安阳殷墟遗址出土象牙杯

这件象牙杯出土于河南安阳殷墟遗址宫殿宗庙区妇好墓，时代为商代晚期。象牙杯高 30.5 厘米，口径 10.5—11.3 厘米。杯身似觚，侈口薄唇，中腰微束，腹腔下部安装有圆形底。通体雕刻纹饰，可分为四段，第一段是四组兽面纹，第二段是三组兽面纹，第三段是三个变形夔龙纹，第四段是三组兽面纹。鋬上端双面雕鸟纹，钩喙短冠，其下雕兽头。兽纹和鸟纹的口、眼、眉等部位镶嵌有绿松石。制作这件象牙杯的骨料来源为雄性亚洲象的门齿。亚洲象在商代晚期时是否仍生存在中原地区，学界有不同的认识。殷墟遗址出土有象坑、象骨骼遗存及象牙制品，至少说明殷墟遗址作为都城遗址，能够获得亚洲象或骨料和制品。

图 1-11　广西邕宁顶蛳山遗址出土鱼头形蚌刀

这件鱼头形蚌刀年代为距今 8000 年左右。鱼头形蚌刀在顶蛳山遗址出土数量最多，鱼头形栩栩如生，特别是穿孔蚌刀，穿孔恰似鱼眼，贝壳的前闭壳肌痕、前伸足肌痕和前缩足肌痕似乎与鱼头的口须、鼻等部位相对应。顶蛳山原始居民将日常生活中习见的鱼的形象在蚌刀上体现出来，隐含着他们对于鱼类丰收或渔业兴旺的希愿。这件蚌刀的蚌料来源为三角帆蚌的蚌壳。三角帆蚌是淡水蚌类，体型较大，壳面扁平，壳质较厚、坚硬，腹侧为弧形，剖面呈三角形，即使不用整治亦可形成刃部，是制作蚌刀的优质材料。

图 1-12　陕西西安栎阳城遗址出土牛蹄印（T66 农田 B 区）

骨骼

骨骼是动物体内或体表坚硬的组织，它的主要成分是胶原蛋白（一种蛋白质）和钙等矿物质（能够使骨骼保持一定的硬度、韧度和耐腐蚀度），因此，骨骼能够保存在考古遗址当中并能应用于相关科技考古研究（图 1-13)。

骨骼可以看作一种建筑材料。它能够起到支撑和保护的作用，允许动物形成不同形状、大小的身体并能够运动，还具有造血和调节体内矿物质代谢的功能。

更为特殊的是，骨骼是一种有生命的材料。骨骼的结构特征随着生命周期的不同而发生变化，童年阶段的骨骼会随着矿物质沉淀而变硬或骨化，老年阶段的骨骼会随着矿物质的流失而脆弱易碎，骨骼的生长发育能够反映动物体的年龄。此外，骨头断裂后能够进行自我修复，生成新的骨质来填补骨折造成的缺口，从而恢复原来的功能。在有人类救护的情况下，动物的这种骨骼愈合的情况更为常见。

骨骼可以分为内骨骼和外骨骼两种。高等动物的骨骼在体内，由许多块骨头组成，

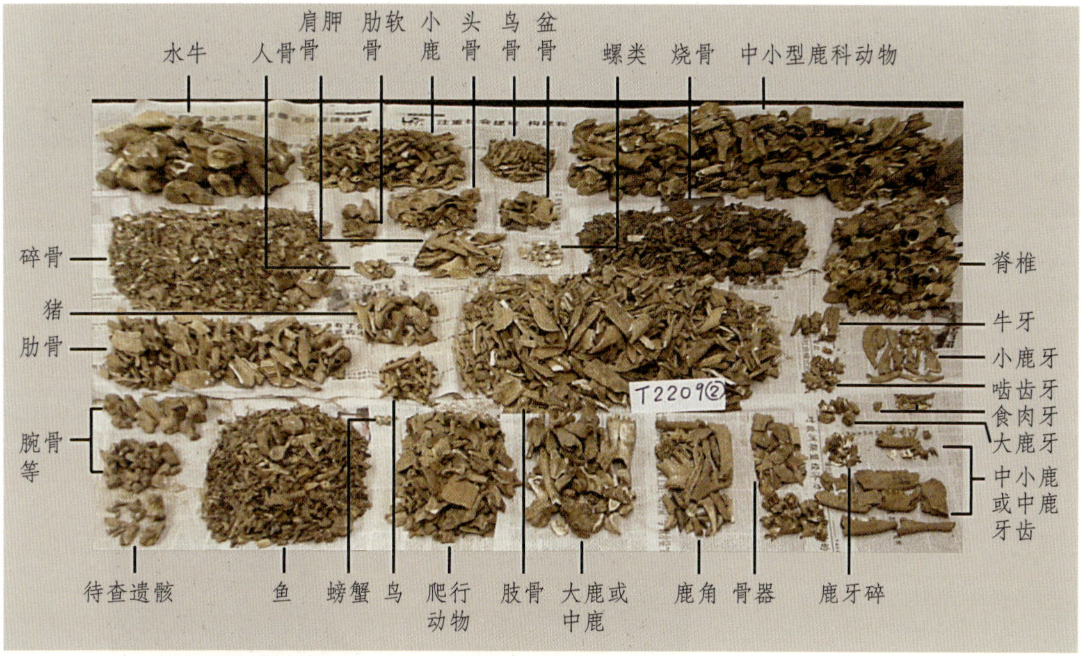

图 1-13　广西邕宁顶蛳山遗址出土动物遗存

*本书论述以内骨骼为主，如无特别说明，骨骼专指内骨骼。

叫内骨骼*(图 1-14)；无脊椎动物、鱼类和龟类动物体表的壳、鳞、甲等，叫外骨骼(图 1-15)。

哺乳类、鸟类和爬行类动物骨骼按照部位和功能大体可分为头骨、肢骨、肩胛骨、盆骨和脊椎骨等五类，以下分别予以介绍。

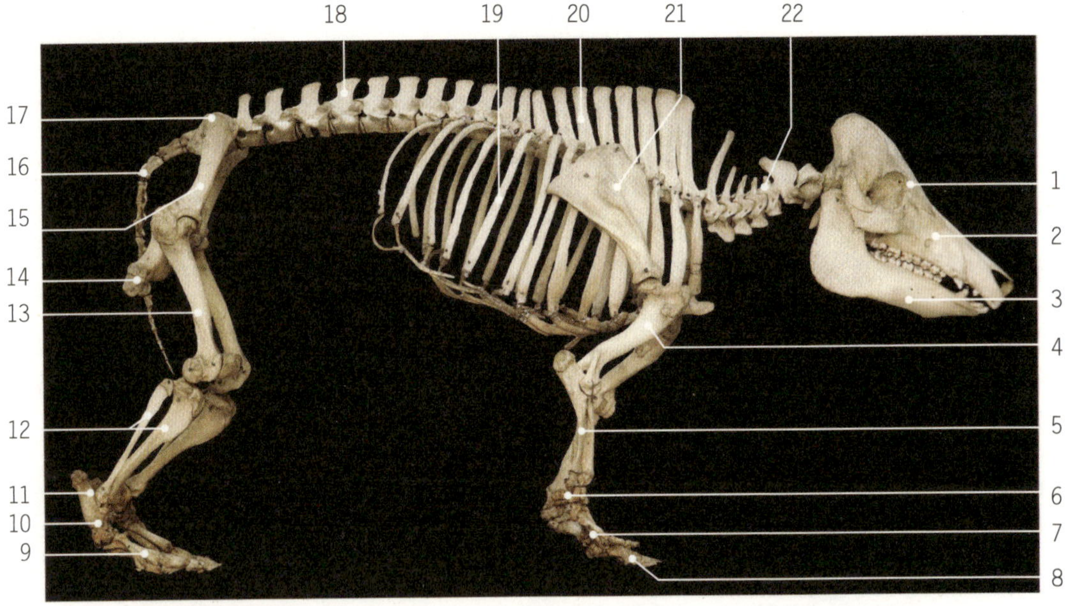

图 1-14 猪的全身骨骼图

图中数字表示：1. 额骨 2. 上颌骨 3. 下颌骨 4. 肱骨 5. 桡骨和尺骨 6. 腕骨 7. 掌骨 8. 指骨 9. 趾骨 10. 跖骨 11. 跟骨 12. 胫骨和腓骨 13. 股骨 14. 坐骨 15. 髂骨 16. 尾椎 17. 荐结节 18. 腰椎 19. 肋骨 20. 胸椎 21. 肩胛骨 22. 颈椎

图 1-15 龟的背甲和腹甲

◎头骨

头骨是一个能够保护大脑、眼睛、耳朵、鼻子和嘴的骨质外壳。虽然它看起来像是一个坚固的外壳，其实它是由多个不同的骨头组成的（图 1-16 和图 1-17）。随着年龄的增长，骨缝将会愈合从而使头骨越发牢固。

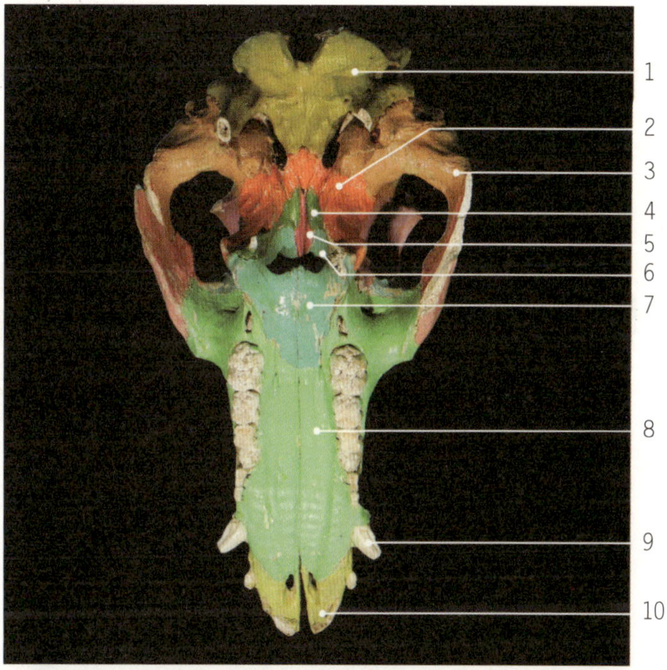

图 1-16　猪的头骨腹侧观

图中数字表示：1. 枕骨 2. 蝶骨 3. 颞骨 4. 翼骨 5. 犁骨 6. 颚骨垂直板 7. 颚骨水平板 8. 上颌骨额突 9. 犬齿 10. 切齿骨骨体

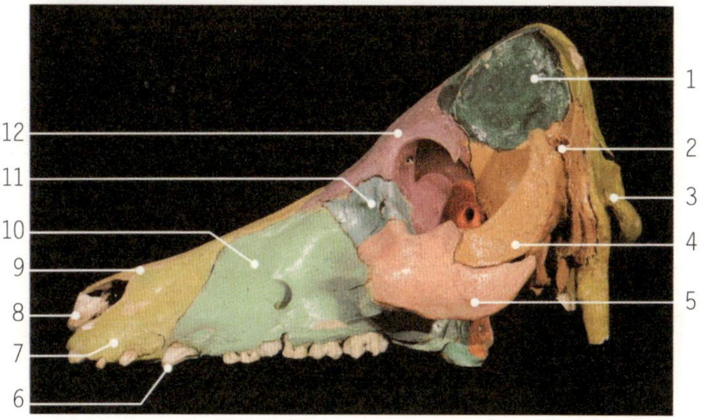

图 1-17　猪的头骨左侧观

图中数字表示：1. 顶骨 2. 外耳道 3. 枕骨 4. 颞骨颧突 5. 颧骨 6. 犬齿 7. 切齿骨 8. 吻骨 9. 鼻骨 10. 上颌骨 11. 泪骨 12. 额骨

某些动物的头骨上有可能会发展出具有防御性功能的武器——角，角的形状各异，与性竞争有关。角的类型可分为表皮角(如犀牛角，由角质层组成)(图 1-18)、洞角(如牛、羊的骨质角心，终身不更换，骨质角心外包有角质角鞘)(图 1-19)和实角(如麋鹿、马鹿、梅花鹿、狍、麂等鹿类动物的角，完全骨化，角上分叉，生长速度很快，具有季节性脱落和生长的特点)(图 1-20)等。头骨的颌骨部位附着有牙齿。

图 1-18　犀牛角

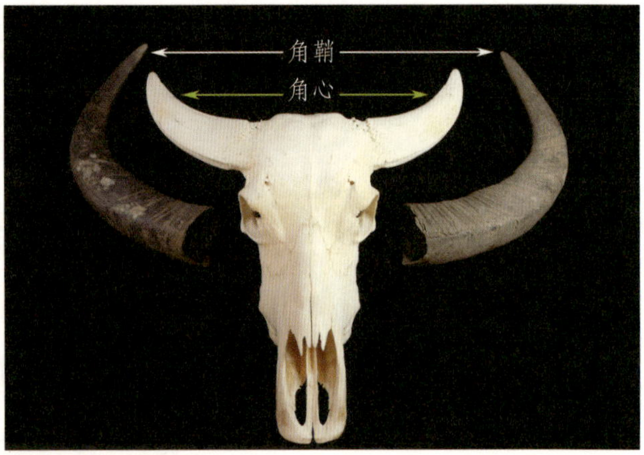

图 1-19　水牛角心与角鞘

图 1-20　麋鹿角(自然脱落的角)

头骨的位置非常显著，它与灵活的椎骨相连，从而能够高效地感应周边环境的各种信息。

动物头骨坚硬且附着的肉很少，古代人类往往在仪式性活动中使用动物头骨，以彰显勇猛、权力、财富和信仰，所以，动物头骨和下颌在考古遗址里多有保存（图1-21）。

图1-21　内蒙古敖汉兴隆沟遗址第1地点F5居住面上堆放的猪和鹿头骨

◎肢骨

肢骨是运动系统的重要组成部分，可分为前肢骨和后肢骨。前肢骨主要由肱骨、桡骨、尺骨、掌骨和指骨等构成，后肢骨主要由股骨、胫骨、腓骨、跟骨、距骨和趾骨等构成。前肢骨和后肢骨都具有一个通用的模式：一根上端骨骼通过关节与两根下端骨骼相连。

股骨（俗称大腿骨）的长短和粗壮程度能够反映动物的运动能力。梅花鹿和羚羊等动物的股骨长而纤细，说明它们活动能力强、行动迅速；猪（特别是家猪）的股骨短而粗，表明它活动或迁徙能力较弱、行动迟缓（图1-22）；犀牛和牛的股骨厚实而粗壮，平常走路就会显得稳重（图1-23）。现生动物当中，大象作为现今陆地上最大

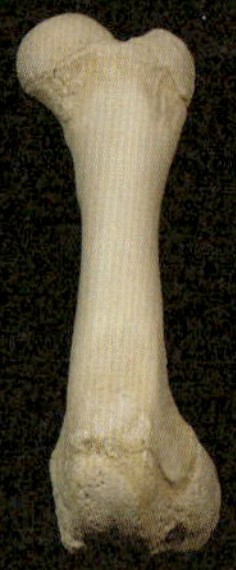

图 1-22　猪的股骨

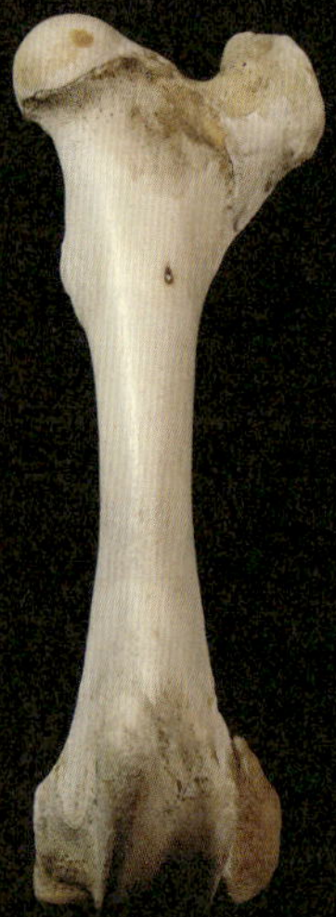

图 1-23　水牛的股骨

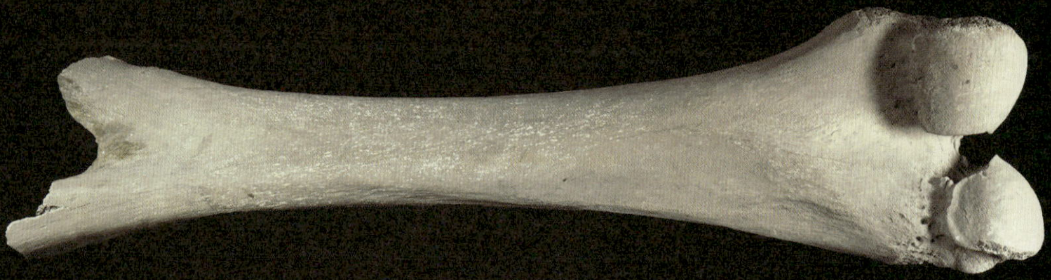

图 1-24　象的股骨

图 1-25　环颈雉的股骨

的动物，为了支持沉重的身躯，肢骨演化得非常粗壮，它的股骨缺少大多数骨骼结构所具有的骨髓腔，内部是由密实的海绵状腔室组成的网状结构（图 1–24）。与此相对的是，鸟类的肢骨最轻，这是因为鸟类的肢骨壁薄、髓腔大，内部满是充盈着空气的孔洞（图 1–25）。

肢骨上附着的肉很多，古代人类喜爱食用它们，不但剔骨吃肉，还敲骨吸髓，此外，还用肢骨来制作各种骨器。

◎肩胛骨

肩胛骨基本形状呈三角形，自上而下有一道隆起来的脊，底部有一个球窝状关节与肱骨相连，从而使前肢具有很大的灵活性。

肩胛骨的性状变异很大。狼、马、鹿、羚的肩胛骨长而薄（图 1–26），有效地延长了前肢的长度，从而使其行走步幅更大，跑得更快。鼹鼠之类的动物善于用前肢掘洞，因此肩胛骨相对其体型而言比较宽大，与此相反的是，袋鼠少用前肢，肩胛骨相对较小。值得一提的是，鸟类和爬行类动物的肩带骨骼都由肩胛骨、喙骨和锁骨组成，这正证明了鸟类动物是由爬行类动物进化而来的（图 1–27）。

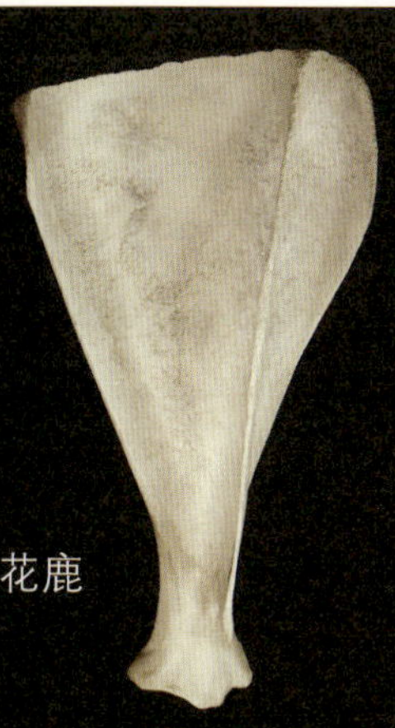

图 1–26　梅花鹿的肩胛骨

图 1–27　黄喉拟水龟和环颈雉的肩胛骨

知识链接

中国考古遗址里出土过大象吗？

从中新世中期到更新世，象类动物的足迹就遍及除大洋洲之外的大陆。根据世界各地发现的化石，象类动物至少存在过400多种，很多都已经绝灭了，其中就包括适应寒冷气候的猛犸象、喜欢温和环境的古菱齿象等。

目前，大象是陆地上最大的哺乳动物，它有着长长的鼻子，属于长鼻目。现存于世的只有象科，包括非洲象属和亚洲象属两个属。亚洲象和非洲象在分布区域、栖居环境、体型大小、外观特征等方面存在不同，例如：亚洲象鼻端只有1个指状突起，而非洲象有2个；亚洲象只有雄象有长牙，而非洲象雌雄都有；亚洲象的体型小，而非洲象的体型大；亚洲象的额头有两个鼓包，被人戏称为“智慧瘤”，而非洲象的额头比较平；亚洲象的背部是拱起来的，非洲象的背部则是凹下去的；非洲象的耳朵为了散热，长得比亚洲象大多了，形状上也跟非洲大陆版图相似，而亚洲象的耳朵形似印度版图；非洲象的身高和体重都要远远大于亚洲象。现今生存在我国境内的是亚洲象。

我们在河北、河南、四川、湖北、浙江、广西、广东、福建等地的考古遗址中均发掘出土有象骨遗存。其中最为著名的是距今3000多年商代晚期的河南安阳殷墟遗址，出土有象坑、象的遗存及象牙制品等。河南古称豫州，可见象文化在河南有着悠久的历史。根据动物历史地理学的研究，由于人类的捕杀、农田开垦的蚕食和对其栖居环境的破坏，亚洲象在中国境内自北向南、由东向西呈地域性消退，现在亚洲象主要分布在云南西南部一个狭小的空间内，为国家一级重点保护野生动物。自20世纪90年代至今，我国野生亚洲象的数量由150头增长到300头，栖息地也得以扩增和改造，这是我国在亚洲象或者野生动物保护上作出的突出成绩，我们必须为之点赞！

肩胛骨宽大平整，骨质坚硬而有韧性，可以用作或加工制作成工具，如骨耜，也可以契刻文字图案在上面，在历史上是非常重要的书写材料和占卜工具。

◎盆骨

盆骨连接脊椎和后肢骨，并将后腿的动力传送给身体。盆骨可细分为髂骨、坐骨和耻骨，三骨会合形成一个承接股骨头的球窝，称之为髋臼（图 1-28）。

骨盆的形态能够反映动物的运动方式。用四肢行动的动物，它的盆骨与脊柱呈直角，对于直立行走的人类而言，其盆骨与脊柱呈直线。同样是食草动物，黄牛的髂骨很宽厚（图 1-29），能够附着大量的肌肉，肌肉带动后肢缓慢活动；鹿和羚的髂骨比较薄，骨盆通常又窄又长（图 1-30），这就相当于延伸了它们的后肢，起到了强化杠杆的作用，

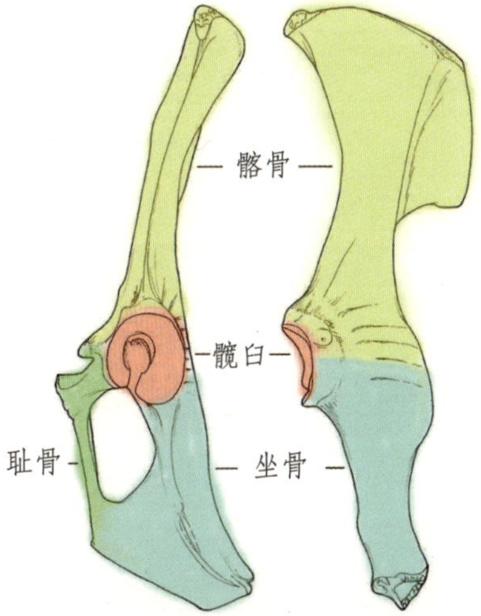

图 1-28　猪的盆骨部位组成示意图

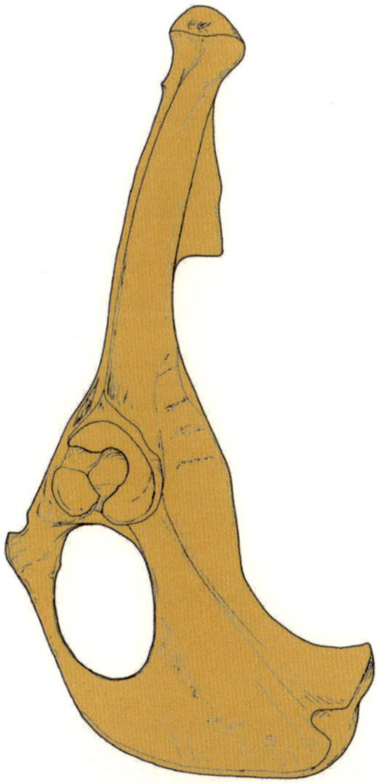
图 1-29　黄牛的盆骨

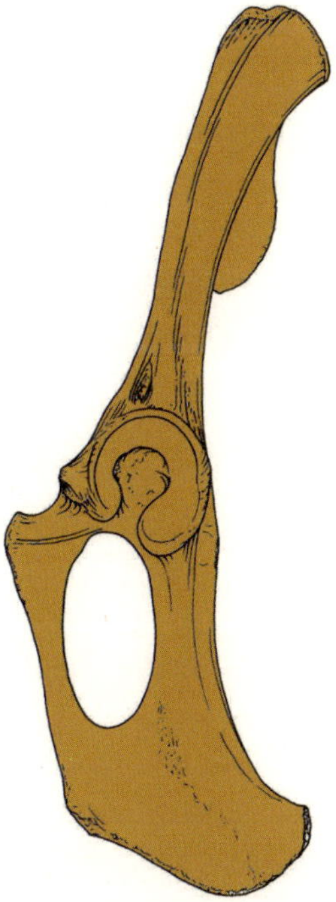
图 1-30　梅花鹿的盆骨

使它们能够快速奔跑。

盆骨能够表征性别，一般而言，雌性动物出于孕育和生产后代的需要，盆腔形状较为宽大矮浅。

◎脊椎

脊椎的出现具有重要的演化意义，脊椎是动物分类的一大重要特征。按照脊椎的有无，我们可以把动物分类为无脊椎动物和脊椎动物，其中鱼类、爬行类、鸟类和哺乳类动物为脊椎动物。

脊椎就像是房子的梁架一样，构成了其他骨骼部位所依附的中心结构，具有支撑、保护、平衡和协助运动等多种功能。

椎骨可分为颈椎、胸椎、腰椎、荐椎和尾椎。第一节颈椎又称寰椎，第二节颈椎又称枢椎，寰椎和枢椎上接头部，下连其他椎骨，这样就能使动物头部灵活转动，并能对脊髓起到保护作用。胸椎上连接有肋骨，共同构成胸廓，从而能够保护肺和心脏等重要的器官。不同种类动物的椎骨形态和数量差别很大（表 1-1），蛇的椎骨数量是最多的，成年蟒蛇的椎骨约有 400 块（图 1-31）。人类的荐椎和尾椎愈合为一体。鸟

表 1-1　常见哺乳动物椎骨数目表

动物	颈椎	胸椎	腰椎	荐椎	尾椎
马	7	18	6	5	13—20
牛	7	13	6	5	19
羊	7	13	7	4	17
鹿	7	13	6	4	11
猪	7	14—15	6	4	20—24
狼	7	13	7	3	17—20
熊	7	14	6	4—5	8—10
兔	7	14	5	1	13—15

类的盆骨和脊椎愈合而成综荐骨，从而使鸟类飞行着陆、地面行动和站立时能够获得支撑体重的坚实支架；数块尾椎骨愈合而成尾综骨（图 1-32)，为控制着陆的尾羽提供了坚实的依靠。

图 1-31　蛇的骨骼

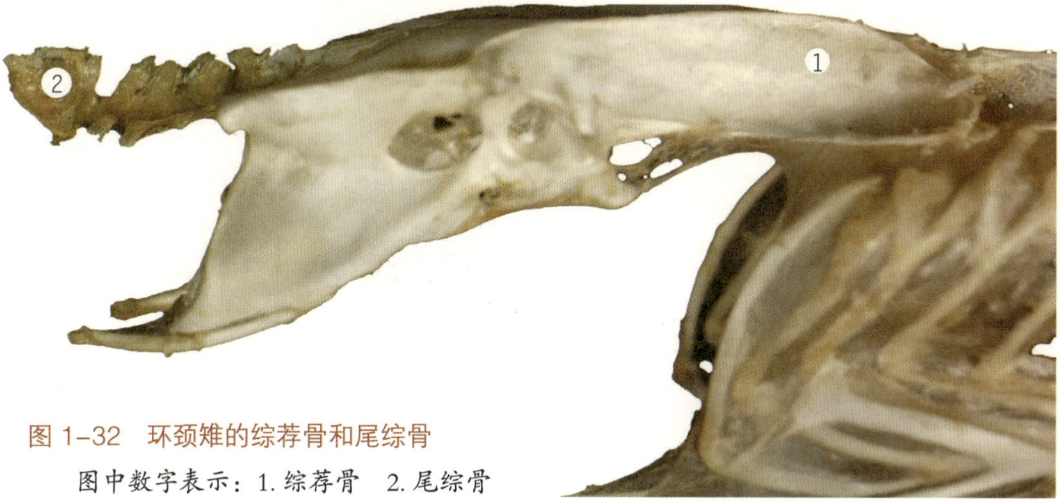

图 1-32　环颈雉的综荐骨和尾综骨

图中数字表示：1. 综荐骨　2. 尾综骨

牙齿

以哺乳动物为例，牙齿按形态和功能可分为门齿、犬齿、前臼齿和臼齿(图 1-33)。

门齿位于口部最前端，主要是用以咬住和切割食物，其形状如刀刃或铲子，为单根齿，在上下颌一侧门齿数量不超过 3 颗。

犬齿位于门齿后方，主要是用以撕咬食物，也具有恐吓或自卫的功能，其形状如尖锐的短刀，为较大的单根齿，会不断地生长，在上下颌一侧犬齿一般为 1 颗。

前臼齿位于犬齿的后方，其功能是切割或嚼磨食物，形状较为多样，在上下颌一侧前臼齿数量不超过 4 颗。

臼齿位于前臼齿的后方、口部最后方，其主要功能是研磨食物，使食物更加细碎而便于吸收，形状类似小平台，在上下颌一侧臼齿数量不超过 3 颗。

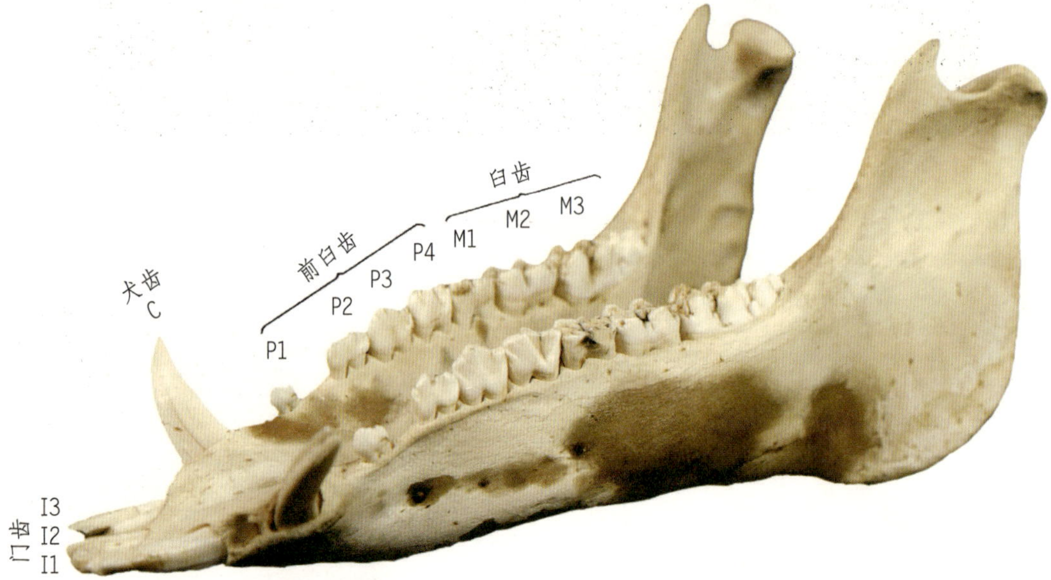

图 1-33　下颌牙齿示意图（猪）

不同种类的动物，牙齿齿式*存在不同（表 1-2）。

就不同种属的动物而言，牙齿和颌骨为适应其生活方式而演化出适应性变化。

食草动物的颌骨又长又宽，能够容纳更多的用于研磨的牙齿。牛和鹿没有上门齿，马、牛、鹿的上颌和下颌门齿组合起来像搂草器和切割机（图 1-34）。食草动物的牙齿为嵴形齿或新月形齿，臼齿和前臼齿像研磨

*齿式，指上颌或下颌一侧牙齿的数目，如上颌左侧牙齿的数目。

表 1-2 主要哺乳动物恒齿齿式

动物及部位		门齿	犬齿	前臼齿	臼齿
马科	上颌	3	1	3—4	3
	下颌	3	1	3—4	3
牛科	上颌	0	0	3	3
	下颌	3	1	3	3
鹿科	上颌	0	1	3	3
	下颌	3	1	3	3
猪科	上颌	3	1	4	3
	下颌	3	1	4	3
犬科	上颌	3	1	4	2
	下颌	3	1	4	3
熊科	上颌	3	1	1—4	2
	下颌	3	1	1—4	2
啮齿目	上颌	1	0	1—3	3
	下颌	1	0	1—3	3
兔形目	上颌	2	0	1—3	3
	下颌	1	0	1—3	3

图 1-34　马的头骨

器一样能够灵活地咀嚼食物(图 1-35 和图 1-36)。

食肉动物的颌骨大而短，下颌的结合方式更便于上下移动，这样的上下颌结构能产生强大的咬合力。食肉动物的牙齿为锥形齿，犬齿像刺刀，臼齿和前臼齿像锋利的刀片一样能够切割和研磨肉食(图 1-37)。

啮齿动物不断生长的门齿巨大且尖锐(图 1-38)，它们不断通过啃咬的方式打磨尖利的门齿，从而便于啃咬和切割植物和坚果。

与食草动物和食肉动物相比，杂食动物没有特异化的颌骨和牙齿。杂食动物的牙齿为丘形齿，兼具食肉和食草两种功能，功能较为全面，但没有特别突出的异化特征(图 1-39)。

牙齿的生长发育和形状能够提供非常重要的动物考古信息。不同种属的动物，牙

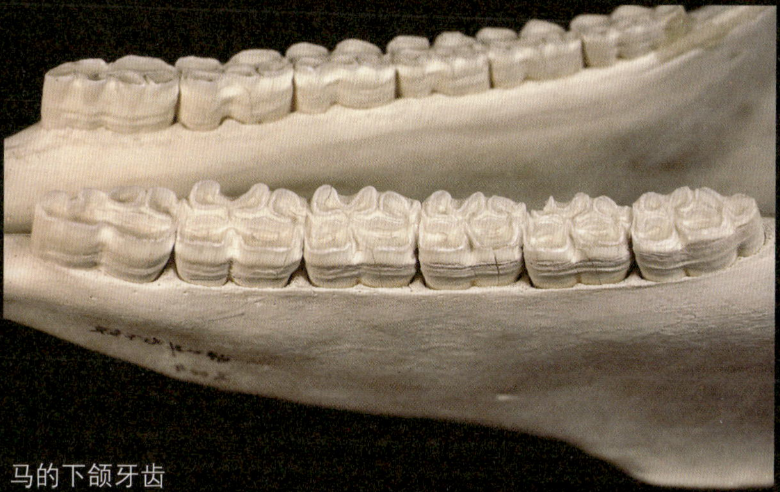
图 1-35　马的下颌牙齿

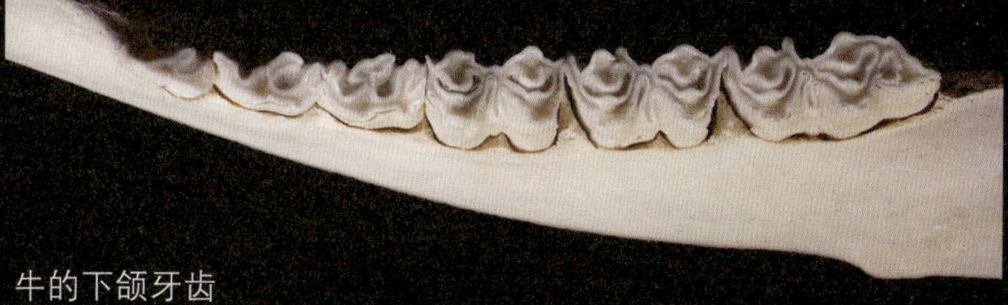
图 1-36　牛的下颌牙齿

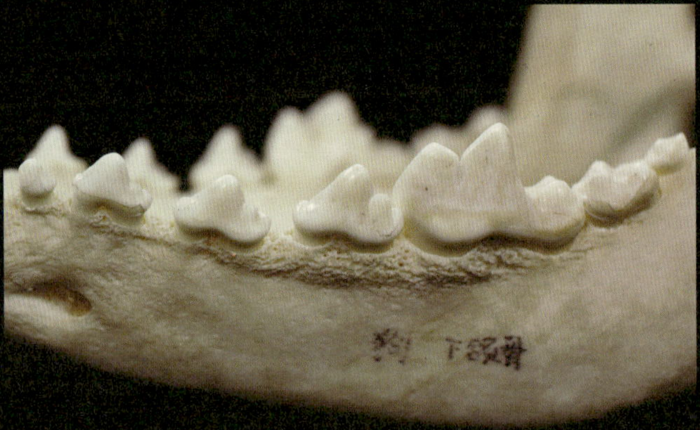

图 1-37　狗的下颌牙齿

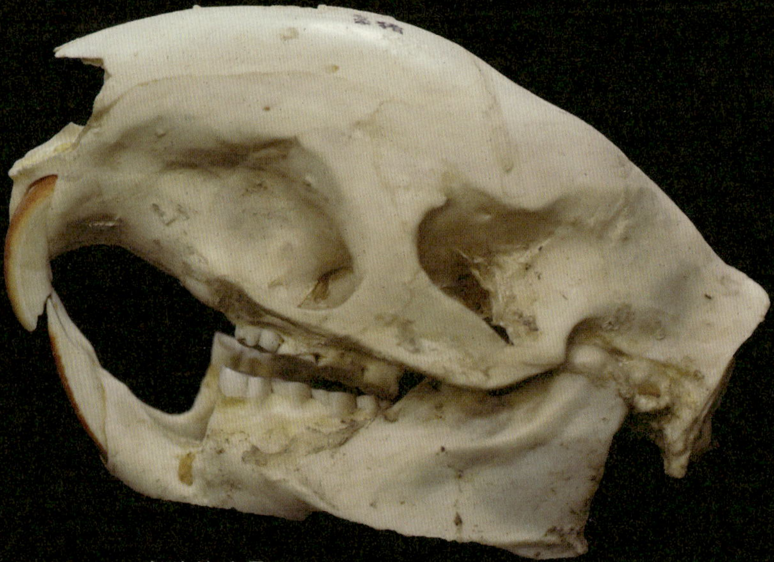

图 1-38　豪猪的头骨

齿的数量和形态不同，借此可以区分动物种属；牙齿由乳齿到恒齿、恒齿逐渐磨耗的生长和发育过程，能够提供动物的年龄信息；牙齿的发育程度——特别是犬齿——能够用以判断动物的性别和营养状况；综合考察牙齿的形状、大小、有无、病变、发育等，能够判断动物是否为驯化种，进而可以深入研究人类与动物之间的密切关系。此外，对牙齿可进行遗传学和同位素的测试分析，以探讨动物的遗传谱系、饮食特征、营养状况和产地来源等。

图 1–39　猪的下颌牙齿

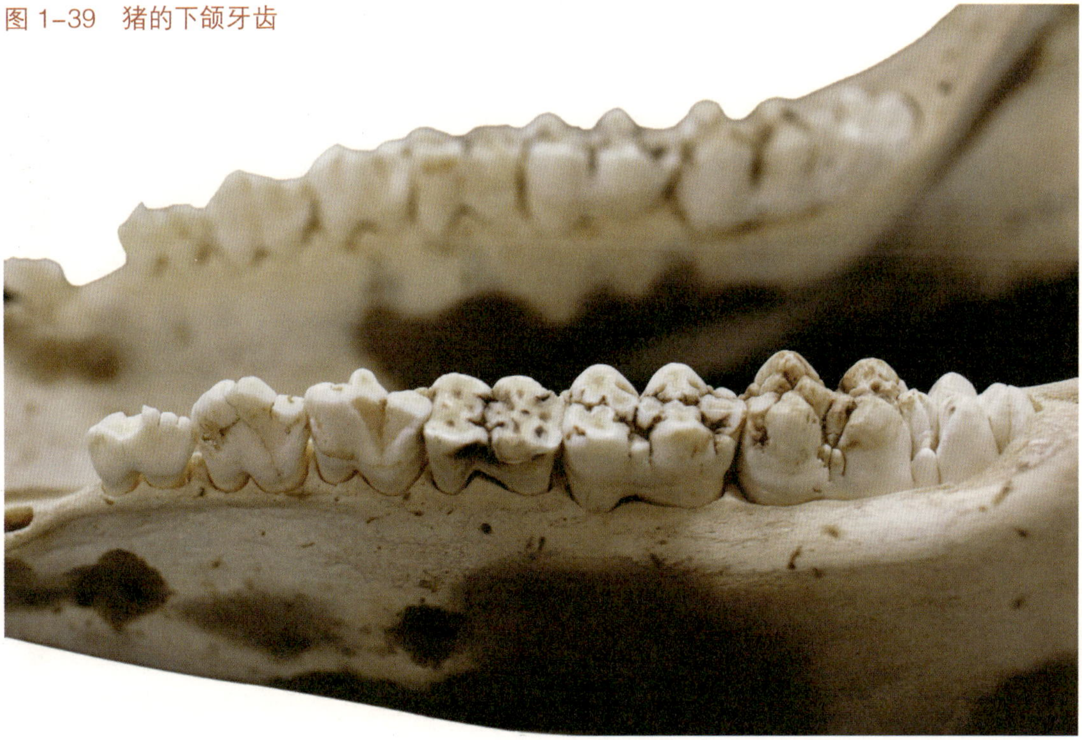

知识链接

“老鼠过街，人人喊打”，对于动物考古学而言，老鼠有什么样的研究价值？

我们俗称的老鼠，属于哺乳纲、啮齿目。啮齿目是哺乳动物中最大的一个目，种类多，数量大，分布广，形态多样，适应力强。在中国，房前屋后被我们俗称为老鼠的动物种属，主要是褐家鼠、小家鼠、黄胸鼠、黄毛鼠和黑家鼠，均属鼠科的鼠亚科。

啮齿动物在人类社会和历史进程中发挥过重要的作用。例如它是补充性食物来源，河北满城汉墓，也就是刘胜夫妇墓中就出土有罐装肉干，分别是兔形目、啮齿目、食肉目等 6 种小动物，刘胜墓中以岩松鼠为主，其妻窦绾墓中以社鼠为主，可能是一种等级差异的反映。再如它可以作为皮毛来源，15 世纪南美洲的一个古老部族以南美洲栗鼠（又称龙猫，是的，就是日本漫画家宫崎骏笔下的《龙猫》）为食品、制作衣裳的原料和祭品；在 16 世纪，当时的欧洲人发现南美洲栗鼠的皮毛如此柔软，便大肆捕杀，致使 19 世纪初南美洲栗鼠濒临绝种，后来，有位美国人带了 11 只南美洲栗鼠回美国加利福尼亚州并成功在当地繁殖，到了 1950 年，人工繁殖的南美洲栗鼠以数千美元每对的价格被出售，在毛皮行业可以说是货比黄金。又如它可以作为宠物，仓鼠和南美洲栗鼠一直很受大家欢迎。此外，老鼠可以作为实验动物，它与人类基因约有 99% 非常相似，其器官与人类器官

大同小异，所以它是研究人体功能的绝佳模式生物，其中应用最广的就是大白鼠和小白鼠。

就动物考古学研究而言，老鼠所具有的重要学术价值体现在两个方面：

一是啮齿动物为研究农业起源和人类社会形成和发展提供证据。人类开始栽培农作物和驯养动物之后，定居生活方式最终形成，部分啮齿动物开始侵入人类的居址，并适应了因农业革命而创造的全新的生活环境，形成与人共栖的状况。研究啮齿动物可以为解读新石器时代文化、农业起源、人类生业和生活方式等提供独特的观察视角。

二是啮齿动物是表征古环境和分析人地关系的重要指标。啮齿动物因其生命周期短、活动范围有限，可以用来指示当地的古环境。啮齿动物可以用作反映当地锶同位素值的指标，从而揭示人类和动物的迁徙情况。啮齿动物种群数量和结构的变化能够反映古代景观和人地关系，如畜牧业与草地生态系统之间的关系等。

总之，“鹰击长空，鱼翔浅底，万类霜天竞自由”，老鼠打洞磨牙本是其天性使然，人类坦然适应就好。

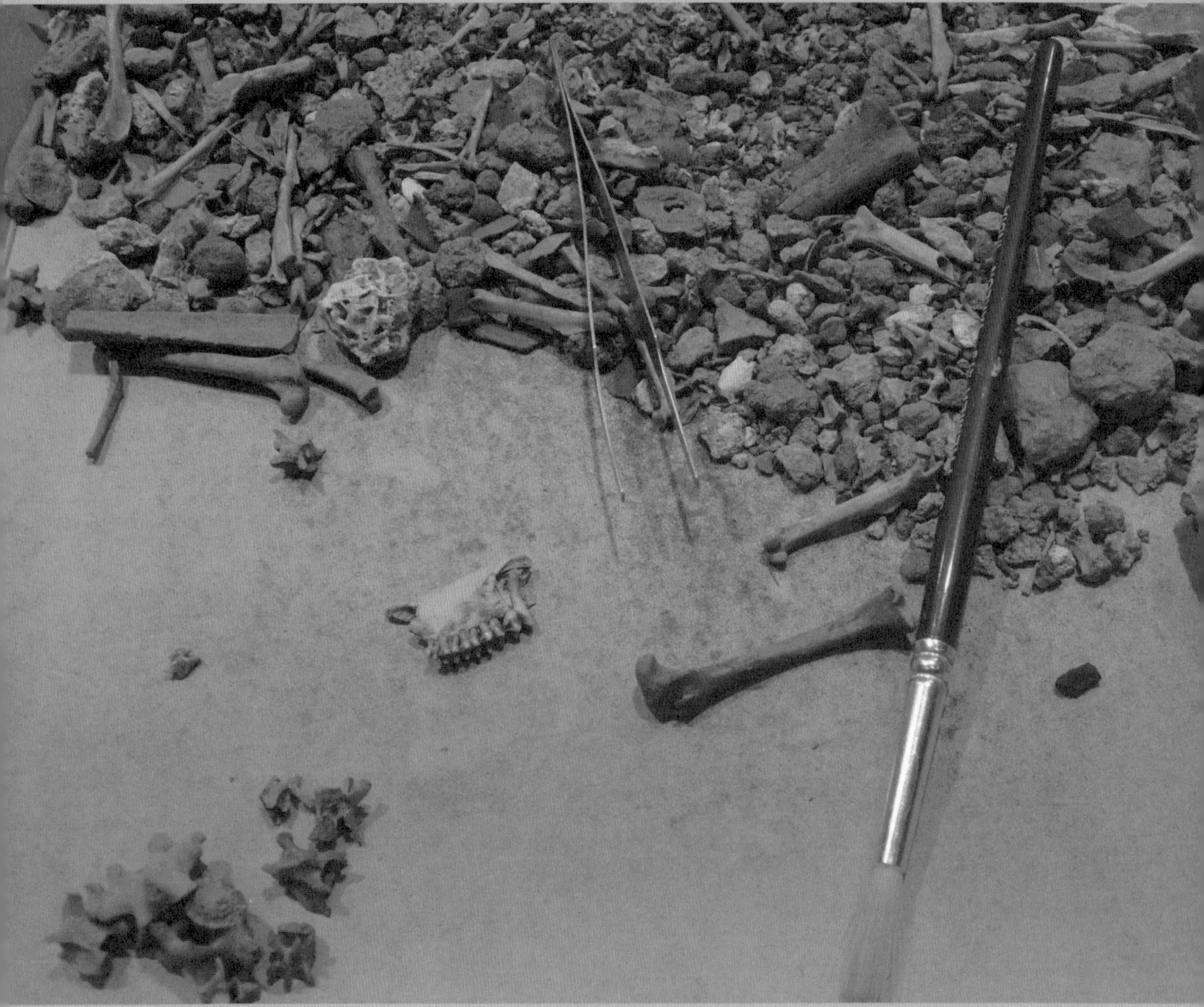

慧眼识骨

考古遗址是动物遗存的“出产地”，我们在田野考古现场采集动物遗存，在田野考古现场和实验室对动物遗存进行鉴定和研究。

动物考古是一门动物学和考古学的交叉学科。动物考古学者关注动物本身，同时其落脚点是考古，终极目标是研究古代社会。

神秘的工作日记

小读者们，了解了有关动物骨骼和牙齿的知识，接下来让我们擦亮双眼，开始鉴骨吧。

鉴骨？是不是听起来非常神秘？你已经迫不及待地摩拳擦掌了，别急，让我们先看看两位年轻的考古工作者的工作日记。他们一位是田野考古工作者小野，一位是动物考古工作者 L 老师，他们分别写作了动物遗存采样和鉴定的工作日记，我们可以从中了解何为鉴骨，也就是动物考古的工作流程。

动物遗存采样工作日记

作者：小野

身份：ZZ 大学考古专业大三学生、考古实习生

时间：2008 年 7 月

地点：XZS 遗址

2008 年 7 月 5 日　　　天气：晴

今天，领队 J 老师给我们布置了两项任务，一是对调查采集的动物骨骼进行登记，二是配合做动物考古研究的 L 老师筛选动物骨骼。

早在 1978 年，考古工作者就发现了这处遗址，由于当时发掘条件有限，大规模的考古发掘工作并没有进行。2006 年，考古研究所首先对这处遗址进行了考古调查，在调查过程中，考古工作者按照每处调研地点的位置，在地面上按照正南正北的方向划分了若干个一米见方的小区，把小区内所有暴露在地表的遗物进行了收集，这其中就包含有动物骨骼，这对于了解这处遗址动物遗存的基本状况有所帮助。这批采集到的遗物就存放在工作站的库房里，我和同学们两人一组登记调查采集的动物骨骼，大家干劲十足，一上午的时间就把动物骨骼全部挑选出来并登记造册了。

中午，J 老师打电话通知几位民工师傅到工作站里清洗动物骨骼。他在电话里交代一定要用清水清洗动物骨骼，清洗好的动物骨骼要放在树荫底下晾晒，千万不能暴晒，否则骨骼表面会出现裂纹。在电话的最后，他再次叮嘱说，一定要用软毛刷轻轻清理骨骼表面的浮土，如若不然，就会在骨骼表面造成新的划痕，到时就难以分辨是古代还是现在留下的痕迹了。

下午，J 老师把同学们分成了两组，第一组继续到探方里做田野考古发掘工作，第二组跟随 L 老师用筛子从柱状土样中筛选出遗物来。

第一组同学中，有的同学继续清理一处古代房子的地面，他把所有的遗物进行拍照、记录出土坐标并做好文字记录之后，按照陶器、石器、骨骼等分别把它们登记装袋。有的同学在一个坑里面发现了一具完整的马骨，马的头骨上还有骨片状的装饰物。L 老师说，它应该是一匹 10 岁左右的公马，他跟领队建议，先暂停这个马坑的发掘工作，等明天把这个马坑整体套箱提取下来，拉到工作站再进行精细化清理和鉴定。

我在第二组，探方里其他区域已经发掘完毕了，只留下一个方方正正、1.5 米高的土柱子。在这根土柱子上，能够明显看到在中段部位有很多螺壳和蚌壳，L老师跟我们介绍说，这个土柱子长和宽都是50厘米，我们需要从上到下把每隔5厘米的土样全部采集下来，用筛子筛选，然后把土样和筛选出的遗物分别装袋。

我们准备了4种筛子，它们的网眼大小有区别。我们先过第一种筛子，这种筛子的网眼大小为10毫米，能够获得比较大块的动物骨骼。然后过第二种筛子，这种筛子的网眼大小为4—10毫米，能够获得猫的肋骨、鸟的大部分骨骼、鲤鱼的骨骼等。接着过第三种筛子，这种筛子的网眼更小，有2—4毫米，能够获得猫的牙齿、鸟的趾骨、小鱼的脊椎等。最后过第四种筛子，这种筛子的网眼最小，仅有1—2毫米，哺乳动物骨骼基本没有筛出来，但获得了麻雀的肢骨、小鱼的鱼刺、青蛙的肢骨等。这四种筛子获得的骨骼分别按照出土单位装袋并做好文字记录。

下班前，我们把发掘日记记录好，把发掘出的所有遗物都登记好，每人都带着各自探方出土的遗物回工作站去。

回去的路上，一位同学跟我说，她今天配合植物考古的一位老师对土样进行浮选，他们除发现有各种炭化的植物种子外，还发现一些破碎的动物骨骼，像是某种昆虫的碎骨。

动物遗存鉴定工作日记

作者：L 老师

身份：动物考古学者

时间：2012 年

地点：某动物考古实验室

2012 年 8 月 10 日　　天气：雨转晴

我已经对 XZS 遗址出土的动物遗存连续鉴定 2 个月了。

这批动物遗骸共有 60 箱，其中 40 箱是手选出来的大块动物遗存，18 箱是筛选出来的比较小型且破碎的动物遗存，2 箱是浮选出来的细小的碎骨，主要是鱼骨。3 月份的时候，考古领队 J 老师押送一辆大卡车把这批动物遗存送到了我们实验室。

现在，我快要完成第 38 箱手选出来的动物遗存了。

这处遗址出土的动物遗存很不好鉴定和研究。

一是稀奇古怪的动物种属特别多，特别是海洋螺类和蚌类动物。像锈凹螺、朝鲜花冠小月螺、红树拟蟹守螺、微黄镰玉螺、扁玉螺、沟纹蔓螺、多带环棱螺、脉红螺、疣荔枝螺、衲螺、紫石房蛤、四角蛤蜊、中国蛤蜊、砂海螂等，都是我以前没有接触过的，看来除了购买专业的软体动物鉴定书籍，购置一批现生海洋贝类标本作为比对研究之用，也需要列入购置计划之中了。值得一提的是，我还发现了一些稀奇的海洋哺乳类动物，像斑海豹、海狮和鲸鱼。多亏 7 月份去了法国自然历史博物馆访学，在他们的标本库房通过图片和现生标本进行比对的方法，我对这些动物遗存的种属和部位进行了确认。

二是特别破碎。哺乳动物还好，拼对起来不是什么大问题，不过蚌壳和螺壳都快碎成渣渣了，虽然因为有已经鉴定出来的完整蚌壳和螺壳可以参考，种属鉴定问题不是太大，但是实在没有办法进行数量统计。如何给特别碎的贝壳们一个量化的概念呢？导师建议我对这些渣渣进行称重，然后根据单片碎壳的平均质量来求取它们的大体数量。

三是如何评估古人以哪种动物为主要肉食资源的问题。这处遗址当中出土了很多蚌类和螺类动物，表明他们食用了很多的海鲜，这是否意味着海鲜就是他们的主食呢？看来我需要在所有的动物间找出来可以进行比较的一个标准来，譬如肉量，看一下各种动物能够提供的肉量，这样就能知道古人到底是吃猪多，吃鹿多，还是吃海鲜多。

在鉴定过程中，我还预留了一些动物遗存以做科技考古测试和分析：留了一些标本做碳十四测年，希望通过测年来精确这处遗址所代表的考古学文化年代及重要动物遗存出现的时间；留了一些标本做碳氮同位素测试，希望能够了解古人是用什么饲料来喂养这些家养动物的；留了一些标本做锶同位素分析，希望能够了解这些动物是本地饲养的还是通过各种途径从其他地方输送到这个地方的；也留了一些进行古DNA研究的样本，但考虑到这处遗址在海岛之上，海水的浸泡可能会严重干扰科学数据的得出，可以先做一个尝试性的测试。

关于这处遗址，通过动物遗存我可以做很多研究，包括海平面变化、古环境变化、家养动物起源和来源、古人饲养动物的策略、人类活动对于生态环境的影响等。

“革命尚未成功，同志仍须努力”，我一边畅想着这处遗址动物考古研究的美好前景，一边开始鉴定和测量动物遗存。在游标卡尺读数不停地变换之间，我的研究思路越发清晰。

通过这两则日记，小读者们应该大致了解到了动物考古的工作内容，我再帮你们归纳如下。

考古遗址是动物遗存的“出产地”，我们在田野考古现场采集动物遗存，在田野考古现场（图 2-1）和实验室（图 2-2）对动物遗存进行鉴定和研究。因此，我们的工作大体可以分为两个阶段：田野考古采集阶段和实验室鉴定阶段（图 2-3）。

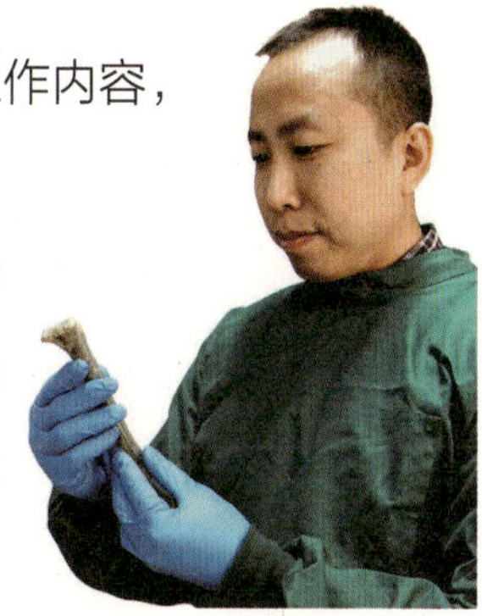

图 2-2　动物考古实验室工作人员对动物遗存进行鉴定

第一阶段：田野考古采集阶段

动物遗存的采集方法主要包括全面采集、抽样采集、整体提取和筛选采集等 4 种。

全面采集就是在考古调查和发掘时，把所有能够看到的骨骼都按出土单位登记并采集。

抽样采集就是在全面采集有困难的情况下，选择一些重要的单位进行采集，最典

图 2-1　田野考古现场对动物遗存进行鉴定（河南安阳殷墟遗址）

发掘采样

1

2

3

4

鉴定研究

1

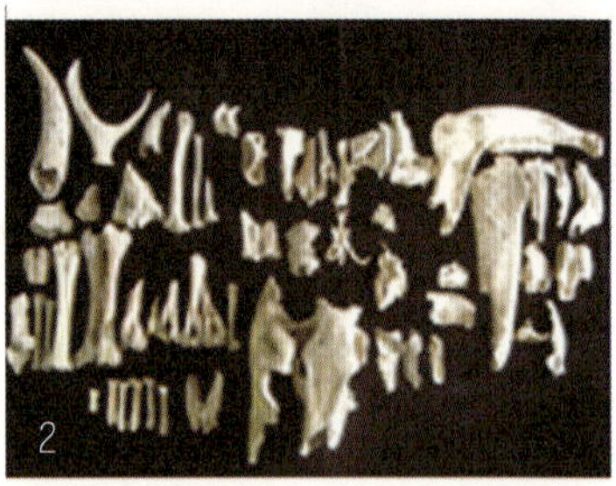
2

3

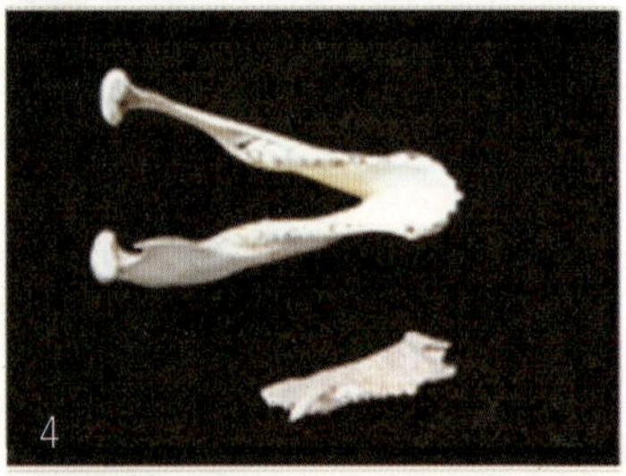
4

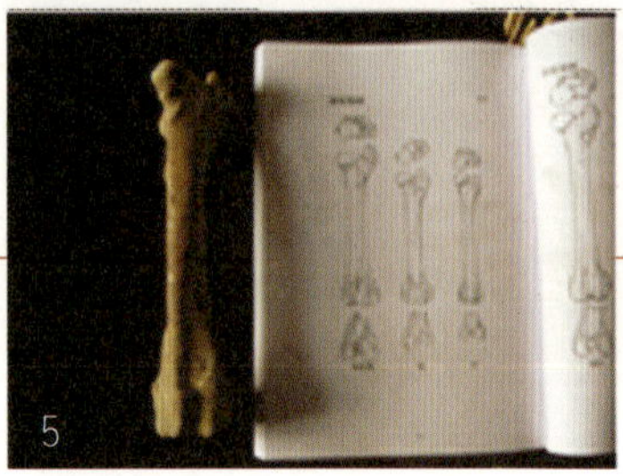
5

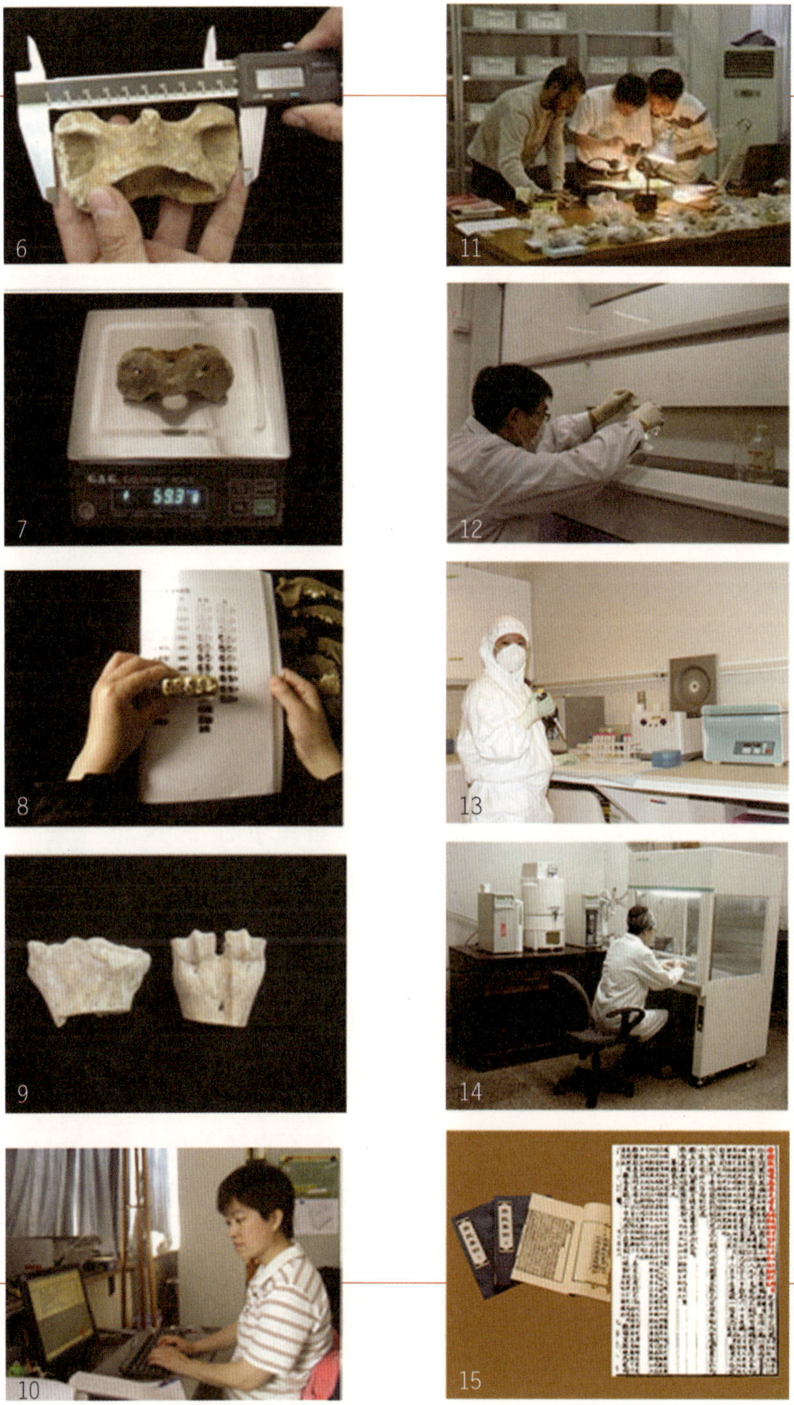

图 2–3　动物遗存采样和鉴定流程图

发掘采样

1. 考古发掘
2. 现场鉴定
3. 干筛法
4. 湿筛法

鉴定研究

1. 未经整理的动物遗存
2. 按部位分类整理的动物遗存
3. 按种属分类整理的动物遗存
4. 比对现生标本
5. 比对动物图谱
6. 测量
7. 称重
8. 判断磨蚀等级
9. 观察痕迹
10. 资料录入
11. 几何形态测量
12. 碳氮同位素研究
13. 古 DNA 研究
14. 锶同位素研究
15. 历史文献研究

知识链接

什么是碳氮同位素分析？

依据“我即我食”(You Are What You Eat)的原理，人类和动物饮食当中的化学组成(比如碳、氮、锶等化学元素的同位素比值)会记录在其骨骼、牙齿、肌肉、毛发等生物体组织里。科技考古工作者通过对生物体组织进行同位素分析，就能知道人类和动物生前的饮食状况。目前，碳氮同位素研究是考古领域应用最广的研究人类和动物饮食的方法。

碳同位素：植物光合作用的途径可以分为 C_3 途径、C_4 途径和 CAM 途径，分别采用这三种途径的植物称为 C_3 植物、C_4 植物和 CAM 植物，如常见的 C_3 类农作物包括水稻、大麦、小麦等，常见的 C_4 类农作物包括粟、黍、玉米和高粱等。人类和动物长期食用不同的植物，其生物体组织的碳同位素值就会产生差异，科技考古工作者通过分析其 $\delta^{13}C$ 值，就可以区分人类和动物主要食用了哪类植物性食物。

氮同位素：“大鱼吃小鱼，小鱼吃虾米”。虾米、小鱼和大鱼的营养值逐步升高，人类和动物分别食用这些动物的话，其生物体组织中的 $\delta^{15}N$ 值就会随着食物本身营养值的升高而升高，科技考古工作者就此可以知道人类和动物是素食者还是肉食者，以及肉食种类和食用程度。

什么是锶同位素分析？

“一方水土养一方人”，不同地质区域内有不同的锶同位素特征，人类和动物“生于斯、长于斯”，其生物体组织中的锶同位素值可以表征他/它的“故乡在哪里”，因此，锶同位素分析是研究人类和动物迁徙行为的有效方法。科技考古工作者选择表征遗址当地的锶同位素数值，然后将遗址当中人类和动物生物体组织中的锶同位素数值与当地值进行比较，就可以知道他/它是土著的还是外来的。

型的例子就是发掘贝丘遗址时采用的柱状采样法*（图 2-4）。

*柱状采样法指视遗存堆积状况，系统保留几个体积较为规整的关键柱或关键点，对其中的动物遗存逐层全部提取，必要时采取与整体提取和筛选相结合的方法。

整体提取是在考古发掘过程中，对于完整或重要或脆弱的动物遗存采用整体套箱或打包的方法进行采集（图 2-5），在不能整体提取的情况下，可对完整的动物骨骼按部位分别装袋并统一装箱。

筛选采集是对遗存堆积采用网筛的方法采集动物遗存，可分为干筛（将遗存堆积直接过筛）、湿筛（过筛时用水冲或在水中震荡淘洗）和浮选（根据物质密度不同及水的比重原理，使动物遗存从其他物质中脱离出来）等 3 种具体方法。

图 2-4　柱状采样法（辽宁长海小珠山遗址）

图 2-5　整体套箱提取马骨遗存（陕西西安宜家考古工地）

第二阶段：实验室鉴定阶段

实验室鉴定阶段以有效地获取动物遗存上的数据和信息为主要目标。动物遗存富含着各类数据和信息，大体包括以下 5 个方面：

一是考古背景信息。包括动物遗存出土的遗址、遗迹单位、伴出遗物、文化分期、采样位置和方法等。

二是动物基本信息。包括动物的种属、骨骼和部位、方位（左或右）、测量数据、保存状况、病变、年龄、性别、数量、质量、栖居环境等（图 2-6）。

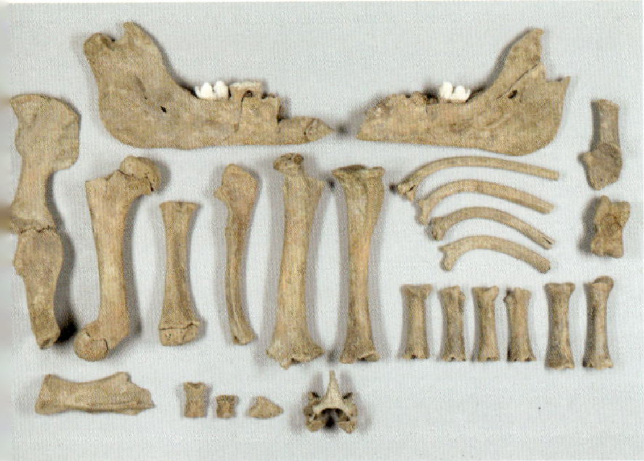

图 2-6　考古遗址出土的完整的幼年猪骨

三是古人活动信息。古代人类获取和利用动物资源的行为会在动物遗存上留下痕迹，包括渔猎痕迹、驯化痕迹、劳役痕迹、屠宰痕迹、食用痕迹、加工痕迹、烧烤痕迹等。

四是埋藏学信息。包括自然痕迹、风化痕迹、动物啃咬痕迹等。

五是自然科学信息。这些信息需要借助科学仪器进行测试、量化和分析，比如碳十四测年、古 DNA 研究、同位素分析、残留物分析等（图 2-7）。

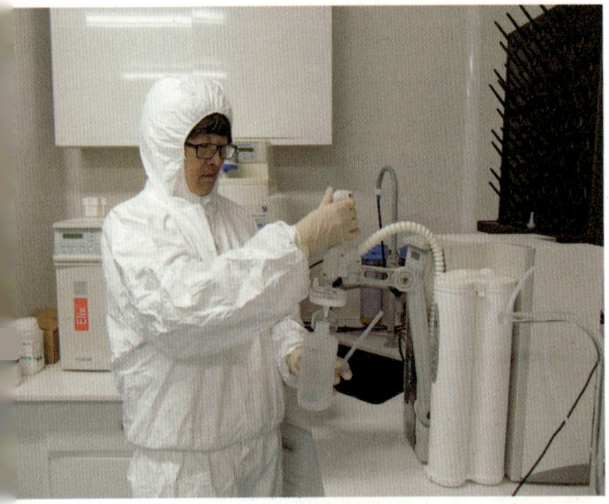

图 2-7　科技考古工作者在实验室对遗存进行测试分析

动物考古学者根据动物遗存的出土单位依次进行鉴定，仔细观察动物遗存：首先要对其进行拼对；然后借助于现生动物骨骼标本或者动物骨骼图谱比对标本，鉴定其种属和部位，对动物遗存进行测量，统计动物遗存的数量；最后对动物遗存进行称重，以求科学、规范和详尽地记录动物遗存信息。

骨头里的密码

2015 年，我们到河南荥阳青台遗址对出土动物遗存进行鉴定，这处距今 5300 年左右的史前遗址里出土了大量的猪骨。左也是猪骨，右也是猪骨，与猪骨不免“相看两厌”，回到郑州后，我和同事们决定到餐馆换换口味，点个羊腿吃吃。当服务员把带骨烤羊腿送上餐桌时，我们困惑了——这分明是根猪腿！餐厅经理肯定是不认的，即使我们说我们是专门做动物考古的，对骨头非常熟悉，她依旧不承认，并找机会把“羊腿”悄悄撤下了。动物考古学者也是很机灵的，我拍了照片，录了视频，留下了证据。巧得很，当时国际动物考古协会理事会正在郑州召开，这事经我一两位同事宣传之后，一时间，“指猪为羊”的餐厅奇遇被各种媒体做了报道。每每回想此事，我总是感慨：动物考古还是有些现实用途的啊！

动物考古可以拆分成两个词——动物和考古，这是一门动物学和考古学的交叉学科。动物考古学者关注动物本身，比如动物的种属、年龄、性别、体形、体质、种群结构、地理分布、生存环境、饮食健康等，同时动物考古的落脚点是考古，它的终极目标是研究古代社会，所以动物考古尤其关注人类与动物的关系，研究在不同时空下，人类在吃、穿、住、用、行、医药、语言、文字、艺术、宗教、祭祀、战争等方面获取和利用动物的方式及其演进过程。

对于动物考古学者而言，一件件动物遗存就是研究对象，而对于古人而言，动物是一种重要的资源，古人对动物资源的利用大体包括 4 个方面（图 2-8）：

图 2-8　人类利用动物资源示意图

主产品资源。一般而言，动物最主要的用途是作为肉食来源。

副产品资源。包括对动物的脂肪、皮革、骨骼、牙齿等的利用。无论是主产品还是副产品资源，动物终其一生只能提供一次，比如宰杀的动物只能提供一次肉食、骨器或皮革原料。

次级产品资源。包括对动物角、毛、奶、蛋、丝、蜜、粪便、尿液、畜力及警示、防卫、传递信息等功能的利用，动物终其一生可以提供多次。

仪式或文化资源。这种资源方式不像前三种那样能够提供给人类物质或者实在的用途，但它反映了古人的一种精神观念或文化追求，在考古遗址当中，往往会以特殊形式的随葬或埋葬的考古现象以及以卜骨和特殊骨器等人工制品的方式出现。

我们以判断家养动物的系列方法为例来谈一下动物考古学的研究方法。以猪为例，从动物骨骼形态学进行研究的话，这个系列方法主要包括 5 个方面的内容：

第一个方面是骨骼形态观察和测量；

第二个方面是数量分析；

第三个方面是年龄及年龄结构的统计分析；

第四个方面是考古学文化现象的推测；

第五个方面是发现新的动物种类。

骨骼形态观察和测量

动物由野生变为家养，人类和家养动物之间就会产生互利共生的关系。一方面，人类基于自身的需求会选取那些对自己有用的品种。如动物在很大程度上是用作肉食的，所以人类在选择这些动物的时候会选择那些特别丰腴的个体，“丰腴为美”，我们就会观察到猪由野生变为家养的过程中，它的身体比例由“大头儿子”最终变成了“小头爸爸”(即它的头和身体的比例由野猪的 7 ∶ 3 渐渐变成了现在家猪的 3 ∶ 7)(图 2-9)。

另一方面，动物在人为营造的环境中也会经历自我演变的过程。对于猪而言，野猪最初生活在森林里，它需要有一个比较长的吻部从地下刨取食物，需要有强有力的

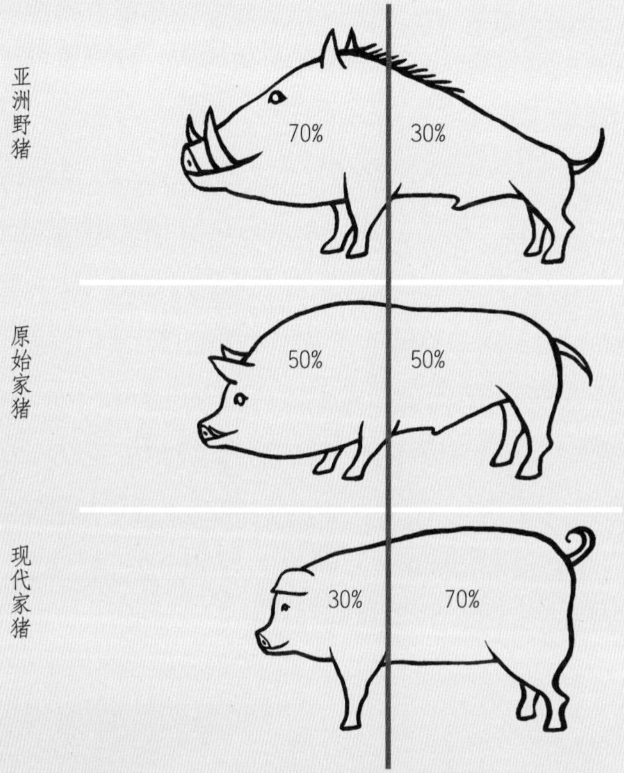

图 2-9　野猪和家猪身体比例变化

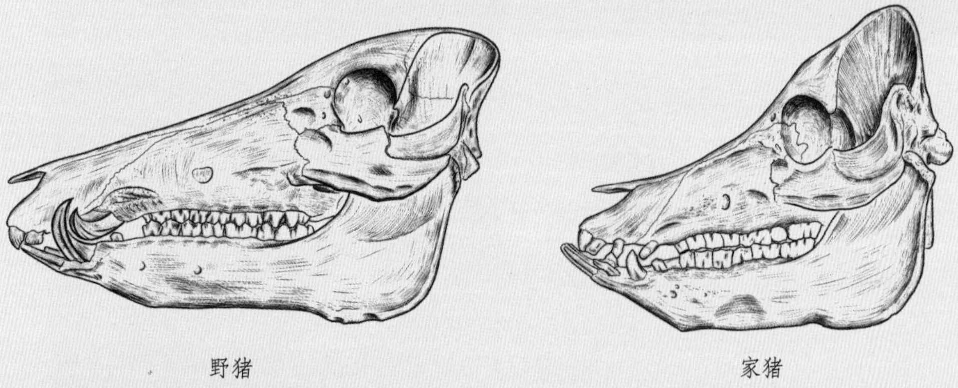

图 2-10　野猪和家猪颅骨形态的比较

犬齿来保护领地和争夺配偶；而在人为环境当中，它的食物是由人类供给的，配偶也是由人类配给的，家猪颅骨的吻部缩短、犬齿退化甚至消失，这是家养动物在人为营造的环境里产生的变化（图 2-10）。

我们可以看一下考古遗址当中家猪和野猪骨骼形态的差异。下方的两张图片，一张是内蒙古敖汉兴隆沟遗址出土的猪下颌骨，另一张是浙江杭州跨湖桥遗址出土的猪下颌骨（图 2-11），两处遗址的年代大体相当，都是距今 8000—7000 年。兴隆沟遗址这头猪整体上比较细长，而跨湖桥遗址这头猪整体上是比较宽短的。我们仔细观察它们的牙齿，兴隆沟遗址这头猪的牙齿排列成直线形，而跨湖桥遗址这头猪出现了齿列扭曲的现象。为什么会出现这种现象呢？因为在野猪到家猪的演化过程中，它的下颌骨率先变短了，但是牙齿的变化相对滞后一些，所以在这个变小的下颌骨上面仍然要承载同等数量、尺寸未变的牙齿的话，势必牙齿会非常拥挤，从而产生这种齿列扭曲的现象。

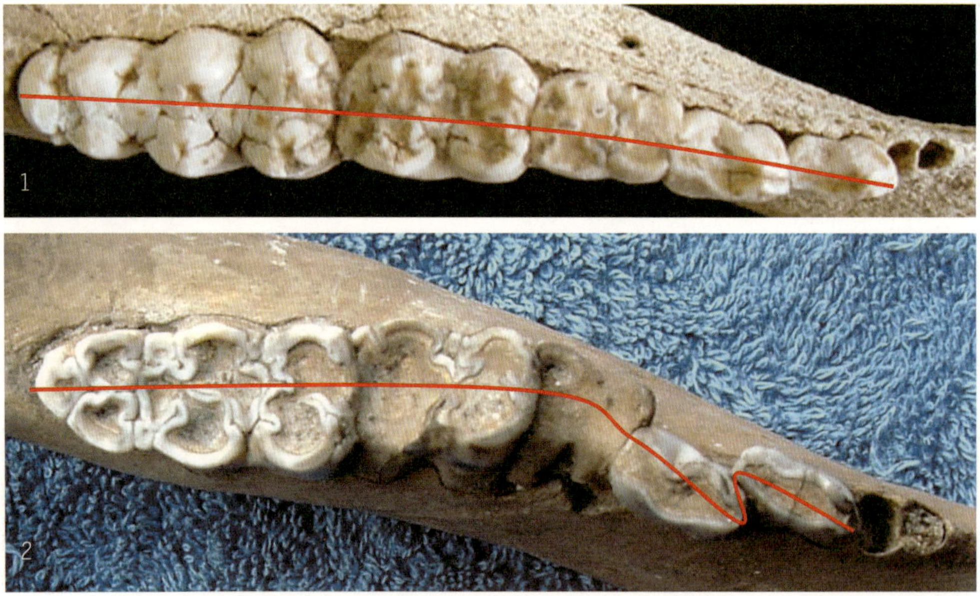

图 2-11　考古遗址出土猪下颌骨齿列的比较

图中数字表示：1. 内蒙古敖汉兴隆沟遗址　2. 浙江杭州跨湖桥遗址

数量分析

针对数量分析，动物考古学者应用最多的有 3 种方法：一是可鉴定标本数，二是最小个体数，三是肉量统计。这 3 种方法得出的数量和比例有助于我们分析古人更偏好使用哪种动物。具体怎么运用呢？我们一起来看看下面这个例子。

我们假设在一处考古遗址的某个遗迹单位中，出土猪、梅花鹿和中国圆田螺的可鉴定标本数分别是 2、20 和 30，可鉴定标本数就是参与鉴定的这三种动物的数量；接着我们发现，猪的 2 件标本属于不同的个体，梅花鹿的 20 件遗存都来自同一个个体，中国圆田螺每个都是完整的个体，因此猪、梅花鹿和中国圆田螺的最小个体数分别是 2、1 和 30；我们知道每种动物提供的肉量是不一样的，1 只猪能够提供的肉量是 50 千克，1 只梅花鹿能够提供的肉量是 60 千克，1 个中国圆田螺能够提供的肉量仅有 20 克，在这种情况下，2 只猪、1 只梅花鹿和 30 个中国圆田螺能够提供的肉量分别是 100 千克、60 千克和 0.6 千克，因此，作为肉食来源的话，猪的肉量贡献要高于梅花鹿，而中国圆田螺只能算是小零食。（表 2-1）

表 2-1　某遗址出土动物遗存数量分析表

	可鉴定标本数	最小个体数	肉量统计	
			单个肉量（千克）	总肉量（千克）
猪	2	2	50	100
梅花鹿	20	1	60	60
中国圆田螺	30	30	0.02	0.6

年龄及年龄结构的统计分析

动物考古学者运用最多的年龄鉴定的方法有 3 种：一是利用牙齿的萌出和磨蚀（图 2-12），二是利用角的生长发育（图 2-13），三是利用骨骼的生长发育（图 2-14）。

利用牙齿来判断动物死亡年龄的方法应用最广，这是因为牙齿在考古遗址当中最容易得到保存，而且牙齿提供的年龄信息最为精准。

以猪为例，猪牙齿的萌出和磨蚀等级我们有详细的记录标准图，猪的第一臼齿萌出的年龄大体是在 0.5 岁，第二臼齿萌出的年龄大体是在 1.5 岁，第三臼齿萌出的年龄大体是在 2.5 岁（图 2-15）。在一处遗址当中，我们通过记录猪牙齿的萌出和磨蚀状况，可以确定其死亡年龄，进而就可以建立起猪种群的年龄结构来。

考古遗址中猪种群的年龄结构会呈现出三种不同的模式。第一种模式是自然状态模式，野猪的生老病死完全遵从于自然规律，刚出生及幼年野猪体质弱，容易死亡，老年野猪自然死亡，所以野猪种群的年龄结构会呈现以幼年和老年个体为主的情况。第二种模式是狩猎野猪模式，人类狩猎野猪具有随机性，打猎之时不会过多考虑野猪的年龄，“老猪小猪一起打”，所以野猪的年龄结构就会呈现出分散性分布的特征，

图 2-12　牙齿的萌出和磨蚀（鹿）

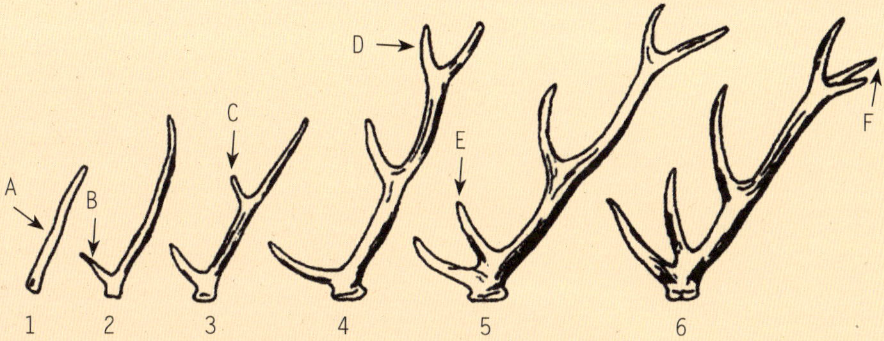

图 2-13　角的生长（赤鹿）

图中数字表示：1. 原声期（proket）　2. 双顶端期　3. 六顶端期　4. 八顶端期　5. 十顶端期　6. 十二顶端期

图中字母表示：A. 主干　B. 眉枝　C. 腰枝（第三枝，treztine）　D. 顶枝　E. 叉枝（beztine）　F. 角冠

图 2-14　骨骼的生长发育（猪）

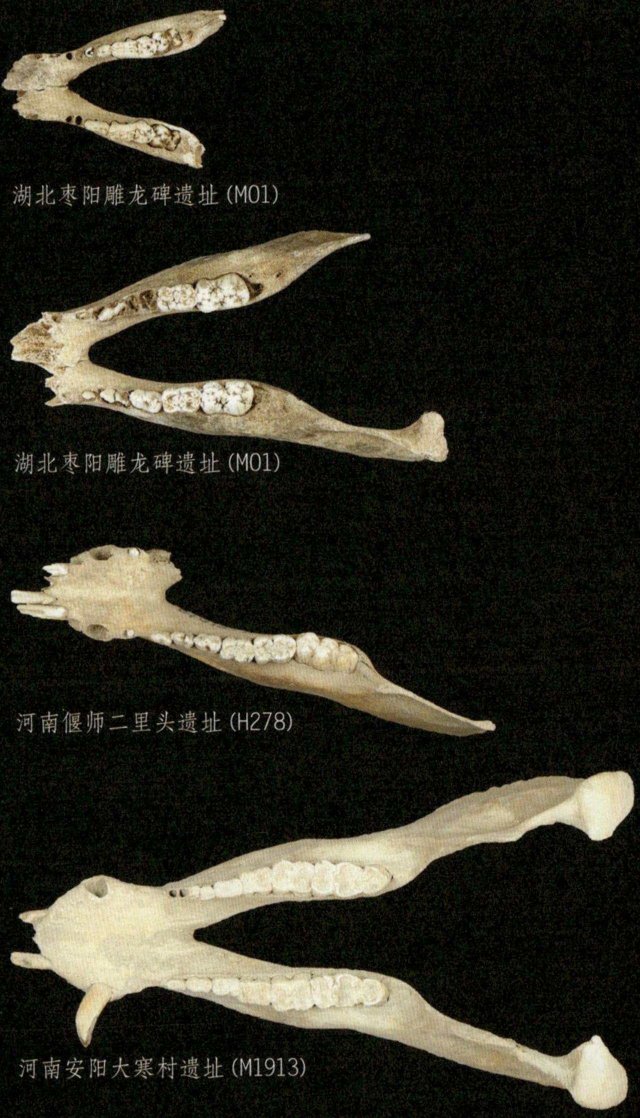

图 2-15　猪的牙齿萌出和磨蚀与年龄的对应关系图

就是说各种年龄的猪都会有所发现。第三种模式是饲养家猪模式，家猪主要是用作肉食的，当养到一定年龄段后，家猪的肉量达到最高，肉质达到最美，人类就会杀猪取肉。如果我们发现某一处考古遗址中猪的年龄结构大体集中在 1.5 岁左右，我们就可以说这个遗址当中的猪群属于家猪种群了。

考古学文化现象的推测

较之于野生动物，人类与家养动物之间存在着极为密切的关系：动物生前人类把它们当成自己的伙伴、当成动物资源；动物死后人类仍然希望它们能够造福于己，所以就把动物用一种比较特殊的埋葬或者随葬的方式带到遗址或墓葬当中。

中国古代先民随葬或埋葬的动物多为家养动物，这种行为自新石器时代至青铜时代乃至以后各个历史时期都得到了延续。究其原因在于人类与家养动物之间存在着较之于野生动物而言更为亲密的关系，这种行为寄托或蕴含着人类对家养动物的特殊感情；另外，家养动物因驯化和饲养成为比较容易获得的、稳定的动物资源，这也是人类在仪式性活动中选用家养动物的客观原因。

发现新的动物种类

动物突然出现在某一区域（特别是其野生祖先没生存过的区域），除考虑动物自身的活动能力外，人类对家养动物的引入和传播无疑是最为重要的原因，这往往能够作为动物驯化的证据。

总之，从动物考古角度而言，上述研究方法都是建立于考古背景之上的，对其应用绝对不能脱离考古发掘的第一手资料。这些研究方法当中既有针对单个个体的，也有适用于群体的，除了以形态学为中心所进行的观察、计件、测量和称重，还有以自然科学分析测试为主所进行的关于动物遗传谱系、食性、来源和动物制品分析等方面的研究，这些研究方法相辅相成，共同构成了动物考古的学科体系。

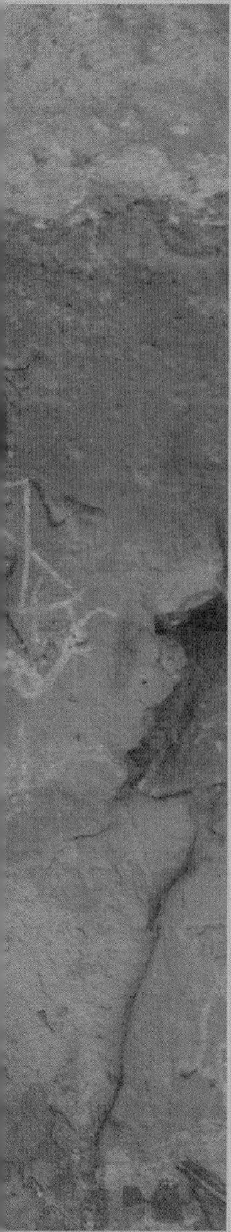

动物好伙伴

动物驯化是足以媲美火和工具使用的一项重要发明。从某种意义上来讲，动物驯化改变了人类历史的进程。

在上万年的动物驯化历程中，中国先民以本土驯化动物为基础，有机吸纳外来家养动物种类，因地制宜发展本土畜牧业，从生产力发展的角度推动了中华文明的形成、发展、壮大和延续。

自人类诞生之日起，动物便与人类相爱相杀，在地球这个舞台上，共同上演了一出出撼天动地的旷世大剧。

通过对大量考古遗址出土动物遗存进行研究，我们不断发现人类和家养动物之间存在密切关系的考古学证据。人类驯化和饲养动物，生前把这些动物当成自己的伙伴、当成肉食来源，用作祭牲，用于制作骨器和卜骨，从而使家养动物种群在人类社会中逐渐发展壮大，深刻地影响甚至改变了人类历史的进程。而与此相对的是，野生动物——哪怕是家养动物的野生祖先——在不断扩张的人类疆域面前，其栖居地不断受到蚕食，日益缩减和破碎化，其种群数量日渐减少甚至绝灭。如何使人类与动物和谐相处、如何保护生物多样性，这是关乎人类自身命运和未来的世界性议题。

改变历史的动物驯化

人类社会由狩猎采集阶段转变为以家畜饲养和作物栽培为生业基础的阶段，这是人类历史上的一项意义非常重大的变革。有的学者甚至认为：动物驯化是足以媲美火和工具使用的一项重要发明。从某种意义上来讲，人类社会的真正兴起与动物驯化是密切相关的，动物驯化改变了人类历史的进程。

所谓“驯化”，就是人类社会出于物质的、社会的或者象征的目的，控制野生动植物再繁殖的过程。简单而言，人类把自己作为“造物主”来控制动物的婚配产子、生老病死。

人类和家养动物之间存在着一种互利共生的关系，简单来说就是双赢，双方都能从中受益：人类予动物以庇护，家养动物种群得以发展壮大；动物予人类以所需，人类文明和社会得以发展。如果说成功与否可以用后代是否繁盛及种群是否增长加以衡量的话，那么，人类与家养动物之间这种互利共生的关系显然是极为成功的范例。

就世界范围来看，哺乳类动物大约有 5500 种，鸟类动物约有 10000 种，然而，家养动物的种类少之又少，我们熟悉的马、牛、羊、猪、狗，外加骆驼、水牛、羊驼等，常见家畜也不足 20 种；而鸡、鸭、鹅、鸽等常见家禽甚至不足 10 种。

为什么有的动物会被驯化，而有的动物不能被驯化呢？

总结一下的话，家养动物一般都具有这些特点：

第一，“宅”而好养。不太好动，还不挑食，如猪、牛、羊基本不怎么动，喂养也简单，随便吃点就能长肉。运动能力不强，鸡如果动不动就像它的野生祖先一样飞走了，那可怎么养？可以混杂交配，有较固定的性成熟期，如狗不论个体大小、品种差异，它们之间都可以自由交配。

第二，“温”而让养。家养动物种群都具有由两性组成的社会群体，种群规模较大且具有等级结构，对环境有较强的适应能力。还是以狗为例，狗一旦认定某人是主人，就把这人当作最高的王者，生死相依，不离不弃。

而有的动物没有被驯化，主要有 6 个方面的原因：

第一，太挑食。如食蚁兽以蚂蚁为主食，每天需要吃掉 3 万只蚂蚁，要养它上哪里找那么多蚂蚁，所以不好养。

第二，脾气差。如犀牛自带铠甲且脾气暴躁，狮子见了也得掉头跑。

第三，生得慢，长得慢。如亚洲象在 10 多岁时才能成年，大约 5—6 年才繁殖一次，怀孕期长达 18—22 个月。

第四，不爱生。如大熊猫自然繁育非常困难，即使在保护中心或动物园，公熊猫常常“爱竹子不爱美人”，性成熟期长达 5 年之久；母熊猫一年也只发情一次，并且只有短短的两三天时间，虽然可以产 2—3 胎，但一般只有 1 胎能够存活。另外，大熊猫还是一个“挑食宝宝”，虽然它也吃一些植物根茎，甚至老鼠，但主要食物是竹子。竹子营养匮乏，所以大熊猫必须大吃特吃，每天进食在 10 小时以上，一旦碰上竹子开花甚至大面积死亡的情况，它就会陷入食物短缺的困境。

所以大熊猫是需要我们保护的动物，而不是被驯化的动物。

第五，不服管。如羚羊缺乏轮流当头领的等级制度，这样人类就很难进入它们的群体。

第六，太“社恐”。如除驯鹿以外的其他鹿类动物，它们在遇到包围和捕食时容易惊慌，在受到打扰或者不适应环境时，也很可能会夺路而逃，甚至撞墙而死。

因此，人类与家养动物之间亲密关系的形成，是彼此双向选择的结果，双方唯有你情我愿，方能结盟共生。

“六畜”的起源

请让我们以六畜为例，来看一下人类对动物的驯化史，换言之，也就是动物由野生到家养的转化史。

中国历史上很早就有“五谷丰登，六畜兴旺”的说法，“六畜”指的是最常见、跟我们关系最密切的六种家养动物，分别是马、牛、羊、猪、狗和鸡。“六畜”这个词最早出自《左传》，内有“古者六畜不相为用”的记载。

美国人类学家摩尔对人类驯化和饲养各种动物的目的性进行了归纳，认为养猪是为其肉，养羊是为其毛，养马是为其力，养家禽是为其蛋和羽，养狗是为其狩猎和伴侣之用，养蜂是为其蜜，养金丝雀是为其鸣叫，养金鱼是为其美丽。宋代王应麟撰的《三字经·训诂》中指出了“六畜”在中国古代社会的用途：“马能负重致远，牛能耕田，犬能守夜防患，则畜之以备用者也；鸡犬与豕，则畜之孳生以备食者也。”可以说，以“六畜”为代表的家养动物，各有所长，各尽其用，深刻地影响甚至改变了古代中国社会的历史进程。

狗，最先在中国的版图上留下了爪印，“六畜”起源的故事就从狗开始——

知识链接

什么动物是“六畜”之首？

在中国古代社会，“马以兴邦”。马在古代军事战争、交通运输和农业畜力中发挥了重要作用。此外，马也是统治者的坐骑和玩伴，是他们造千秋功业和日常生活中都不可或缺的一部分，因此在中国古代形成了国家级组织和管理养马业的制度——马政。负责马匹牧养与管理的官员肩负重责，主持马政的机构也地位颇高。文献中有“行天莫如龙，行地莫如马。马者，甲兵之本，国之大用”的记载，古代王朝多有马背上得天下者。一个强大的国家，常被称为“千乘之国”，如秦国“带甲百余万，车千乘，骑万匹”，终于一统天下。从这个角度而言，马在中国古代社会作用甚大，堪称“六畜”之首。

狗的驯化

人类最早驯化的动物是狗。狗 (*Canis familiaris*)（图 3-1）虽然形态各异，但其野生祖先只有一个——灰狼 (*Canis lupus*)（图 3-2）。证据主要有三条：首先，古线粒体 DNA* 研究表明，狗与灰狼的基因高度相似，而没有发现任何其他犬属动物的基因；其次，不同品种狗之间不存在生殖隔离，它们都能杂交，并能生产具有繁殖能力的后代；最后，就形态特征而言，所有的狗的尾巴都是向外卷曲的，而其他犬属动物的尾巴是向内或竖直向下的，表明狗只来源于一种动物。

*线粒体 DNA 是线粒体中的遗传物质，一个线粒体中有多个 DNA 分子。线粒体 DNA 遗传系统具有母系遗传、多拷贝、高突变率等特征。科技考古工作者通过测试人类和动物生物体组织的线粒体 DNA，就可以知道他/它的妈妈、妈妈的妈妈……的遗传信息。

考古学界较为普遍的共识是：狗的起源可以追溯到距今约 12000 年，以色列北部属于纳吐夫文化晚期的哈耀尼 · 特拉西

图 3-1　狗形态图

图 3-2　灰狼形态图

(Hayonim Terrace) 墓地发现了世界上最早的驯化狗。

中国先民最早驯化的动物也是狗，最早的考古证据见于河北保定南庄头遗址。南庄头遗址是一处重要的新石器时代早期遗址，其年代为距今 10500—9700 年。

当时，正值晚更新世末次冰期向全新世 * 过渡阶段，气候极其干冷，气温比现在低 5℃以上，人类在水资源丰富的河谷地带活动，生业活动主要依赖于河谷中的野生动植物资源，遗址区正是南庄头先民获取和利用动植物资源的场所。

中国社会科学院考古研究所袁靖通过对该遗址出土动物遗存进行鉴定和研究，认为南庄头先民获取动物资源的主要方式是狩猎鹿类动物，但已开始驯化狗。南庄头遗址出土狗遗存的下颌骨形态特征和测量数据表明这是中国考古遗址出土的年代最早的狗，证据包括：南庄头遗址狗的下颌缘有一定的弧度 (狼的比较平直)，下颌骨及齿列长度较现生狼的尺寸小且有进一步变小的趋势，牙齿排列紧密 (图 3-3 和图 3-4)。

* 更新世又称洪积世，属于地质时代第四纪的早期，其年代范围为距今 258 万年至 1.17 万年。更新世是冰川活动活跃、气候剧烈变化的时期。更新世地层中所包含的生物化石，绝大部分属于现生物种，人类也出现于这一时期。更新世可以分为早、中、晚三期，早更新世年代为距今 258 万年至 100 万年，中更新世年代为距今 100 万年至 10 万年，晚更新世年代为距今 10 万年至 1.17 万年。更新世与考古学时代的大体对应关系为：早更新世和中更新世相当于旧石器时代早期，晚更新世相当于旧石器时代中期和晚期。

末次冰期，第四纪的更新世内发生的最近一次冰河时期，自约 7 万年前开始，于 1.15 万年前完结，在此期间里，曾出现过几次冰川的前进及消退，最盛期发生于约 2.1 万年前。

全新世 (Holocene) 是最年轻的地质年代，大约从 1.17 万年前开始至今。有观点认为，工业革命以后，随着人类对地球环境施加影响的加剧，应该从全新世之后划分出人类世，也就是说人类活动作为一种重要的地质推动力，已经且正在彻底地改变地球。

图 3-3　河北保定南庄头遗址出土狗下颌骨遗存

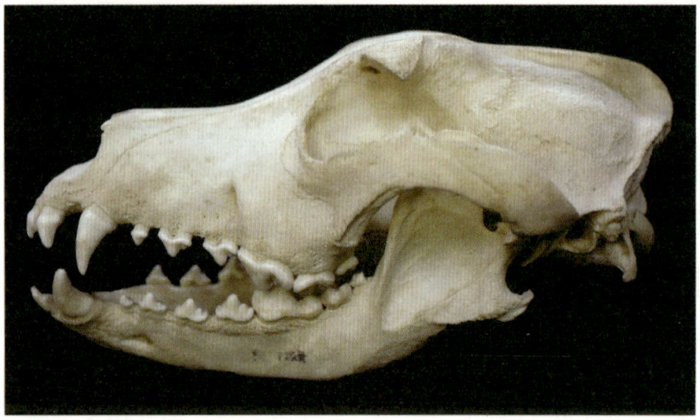

图 3-4　狗的头骨

南庄头先民是如何喂养狗的呢？山西大学侯亮亮等发现南庄头遗址出土狗的食物中包含一定比例的小米（也就是粟和黍）及其副产品，猪则与野生动物的食物保持一致，这表明距今 10000 年的南庄头先民已经驯化了狗，并用栽培农作物小米的副产品来喂养狗，而猪尚未被驯化，还是野猪。

狗的驯化成功，意味着中国先民在狩猎采集活动中获得了优秀的助手和伙伴。事实上，狗作为世界上最早被驯化的动物，它与人类结盟的历史甚至可以追溯到狩猎采集社会。有观点认为正是由于狗的帮助，智人才最终战胜尼安德特人，从而开启了智人时代。狗对人类的贡献真可称得上是“鞠躬尽瘁，死而后已”。生前，它可能是看家护院的狗，可能是帮助盲人的导盲犬，可能是极地特殊环境的雪橇犬，可能是狩猎助手，可能是承欢膝前的宠物；死后，它还被用作陪葬品。咱们中国有个成语叫“犬马之劳”，考古学者在陕西、河南、河北和山东地区发现的数十处先秦时期的车马坑中，都发现有狗，不少狗的颈部系着铜铃。以河南三门峡虢国墓地为例，狗是车马坑中不可或缺的随葬品，一般以 1 车 2 马或 4 马配 1 狗的组合出现（图 3-5），

图 3-5　河南三门峡虢国墓地车马坑

在虢文公虢季墓（编号为 M2001）的陪葬车马坑（编号为 CHMK1）中，葬有 6 只狗，其中 1 只在车后，5 只在车中，这些在当时战争中形成的车、马、狗组合，可能正是“犬马之劳”一词的由来。“犬马之劳”是对狗所做出贡献的高度评价，因此狗被誉为人类的朋友实不为过。

现在世界范围内狗的品种约有 400 种，中国境内狗的品种有 30 多种，它们体型大小有别，形态也各有特色，可以这么说，变异最丰富也最成功的例子就出现在狗的身上。在从狼到狗的最初阶段，狗的体型与狼接近，各地狗在性状上并未产生太大变化。但是随着人类有选择地对狗进行繁育，到了距今 7000 年时，狗的体型大小已经发生了南北分化：南方狗的体型小，北方狗的体型大；商代早期的河南偃师商城遗址中出现大型狗和小型狗并存的局面。汉代有本《相狗经》，记载了许多狗的品种，有多毛犬、长嘴犬、短嘴犬等。19 世纪初，狗被大量有选择性地育种作为宠物，从此以后，狗的品种数量就像坐上火箭一样突飞猛进。

中国先民从驯化狗的活动中获得了丰富的经验，他们将目光投向了另一种动物——猪。

猪的驯化

家猪 (*Sus domesticus*)（图 3-6）的野生祖先是野猪 (*Sus scrofa*)（图 3-7），世界上最早的家猪发现于土耳其的安那托利亚东南部的卡耀努等遗址，其年代为距今约 9000 年。

与此同时，在欧亚大陆的东端，中国先民开始了驯化猪的历程。

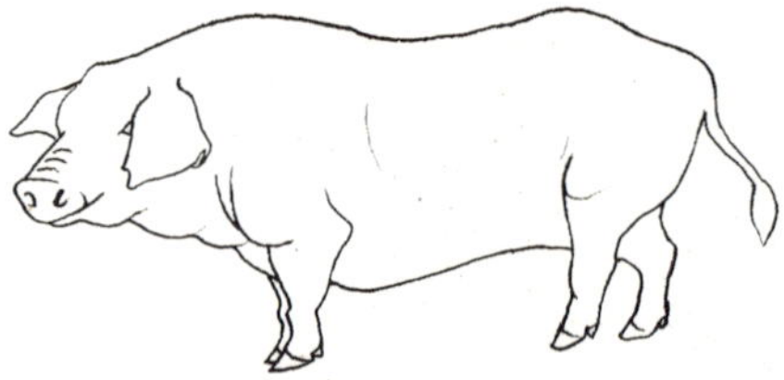

图 3-6　猪形态图

图 3-7　野猪形态图

中国先民为什么要驯化猪呢？这涉及猪的驯化动因问题，主要有三个观点：

第一是肉食说。在狩猎采集活动中，获取野生动植物资源具有一定的偶然性和季节性，而人类通过驯化和饲养家猪，能够产生稳定而充裕的肉食来源。与这一观点相印证的是，在自然环境条件比较好、野生动植物资源比较充沛的区域，如长江中下游地区，家猪饲养业发展就比较缓慢；中国北方地区因为四季分明，季节性的食物短缺在所难免，因而迫切需要通过驯化和饲养家猪来缓解这种局面（图 3-8）。

第二是宴飨说。在南方地区，驯化猪其实出现得比较早，如在浙江杭州跨湖桥遗址中，家猪的驯化可以早到距今 8000 年左右。猪在野生食物资源丰富的地区被驯化，很可能是因为家猪作为宴飨的美食比其他肉食更受欢迎，刺激了人类对猪的驯化和饲养。

图 3-8　陕西西安西汉景帝阳陵出土陶塑雌猪

第三是仪式说。西辽河地区家猪出现的时间比较早，如在内蒙古敖汉兴隆沟和兴隆洼遗址中，家猪的驯化可以早到距今 8000 年，但是家猪和野猪并存的局面一直延续到其后多个时期。猪的仪式使用在兴隆洼文化、赵宝沟文化、红山文化和夏家店下层文化都有体现，说明西辽河地区史前先民对猪的驯化和饲养更为看重其仪式用途。

总之，中国地域广阔，环境多样，动植物资源状况存在地区性差异，不同地区先民对猪进行驯化的原因可能会存在不同。

9000 年前，我国已进入全新世大暖期，这对于刚刚从末次冰期的恶劣条件下苦熬出来的人类来讲，可以说是遇到了可尽情发展的春天。淮河上游一处名叫贾湖（年代为距今 9000—7800 年）的史前村落里，严寒而漫长的冬天就要过去，气候温暖湿润，雨量充沛，恰如今日的江南。《舞阳贾湖》一书根据环境考古、动物考古和植物考古的研究结果，用科学而优美的语言描绘了贾湖的史前景观：

（聚落位于河流北岸的自然堤上，）附近的岗丘和山坡上有稀疏的栎、栗、胡桃、榛等组成的落叶、阔叶林，林下或沟坎、断崖边生长着酸枣、柽柳等灌木丛，林中常有野猪、鹿等动物出没。聚落的周围应有广阔的蒿属、菊科、藜科植物为主组成的草原，时有貉、梅花鹿、野兔等在其上奔驰而过；聚落附近的湖沼水面上，莲、菱、莎草、水蕨等水生植物绽开朵朵鲜花点缀其上，水中和水边有大量的鱼、蚌、螺、龟、鳖、鳄等动物浮游其间，水边常有獐、麋等动物饮水嬉戏，有丹顶鹤、天鹅等翩翩起舞，不时传来声声啼鸣；聚落内外，偶见几株榆、柳、桑、梅等迎风摇曳。

湖北省文物考古研究院罗运兵、中国社会科学院考古研究所袁靖等学者通过对贾湖遗址第 7 次发掘中出土的猪骨遗存进行骨骼形态、年龄结构、数量比例、文化现象、病理学、几何形态测量、碳氮同位素和古线粒体 DNA 等多方面的研究，确认该遗址为我国最早的家猪起源地，并且家猪是中国先民独立驯化完成的，年代为距今 9000—8500 年（图 3-9）。

就骨骼形态而言，贾湖遗址猪下颌骨自第一期开始出现了齿列扭曲的现象，这种现象是鉴定家猪的一个重要指标。

就年龄结构而言，贾湖遗址中未成年猪的比例高达五分之四，这是史前人类出于肉食之需而宰杀 1.5—2 岁个体猪的体现，这与野猪在自然状态（以幼年和老年个体为主）和狩猎状态（各年龄段分布较为平均）下的年龄结构情况相异。

图 3-9　河南舞阳贾湖遗址出土猪下颌骨遗存

就数量比例而言，贾湖遗址的猪在哺乳动物种群中的肉食贡献率约占三分之一，这与家猪作为肉食来源的饲养目的有关。

就考古现象而言，在贾湖遗址墓葬中

出现了用猪下颌骨随葬的考古现象，揭示了人类与猪的密切关系。

就病理学现象而言，贾湖遗址猪牙齿的线性牙釉质发育不全的发病率较高，这是一种因为被长期拘禁而心理压力大，进而影响到饮食和牙齿发育的病症，高发病率的现象多出现在家猪种群。

就测量数据而言，贾湖遗址出土猪的尺寸大小大多落在家猪的范围之内。

就碳氮同位素分析结果看，贾湖遗址猪的食性与人类相似，表明人类用残羹冷炙来喂养猪。

就古线粒体 DNA 研究而言，贾湖遗址猪的古线粒体 DNA 属于家猪种群，且与其后中国境内的家猪具有遗传连续性。

距今 9000—8500 年，贾湖先民开始饲养猪和狗，种植水稻。我们可以在前文描述的基础上，对贾湖先民的生业图景再做补充：

图 3-10　河南舞阳贾湖遗址 M78 出土骨笛

聚落内，一曲春天的故事正在奏响，新的生产方式蓄势而发。猪和狗四处游荡，与村民安然相处。人们开始从事“似农非农”（已经开始种植稻谷，但主体生业方式仍然是采集和渔猎）的生业方式，喝上了用稻米、蜂蜜、山楂、野葡萄等酿造的酒。一位巫师吹奏起用鹤的尺骨制成的骨笛（图 3-10），另一位巫师一手握叉形骨器（图 3-11），一手摇龟甲响器（图 3-12），指挥众人将猪下颌和整只狗埋下，又将新米洒落其上——这是奉献给土地和神灵的礼物，村民们希望来年风调雨顺，稻谷满仓，肥猪满圈。聚落外，稻花飘香，鸟兽欢鸣。

图 3-11　河南舞阳贾湖遗址 M327 出土叉形骨器

图 3-12 河南舞阳贾湖遗址 M344 出土龟甲及石子

随着猪的驯化完成和饲养业的发展，家猪的地方品种逐步形成。从出土猪形文物来看，商周时期中国南北方培育的家猪品种已存在明显的差异（图 3-13）。山西天马－曲村北赵村晋侯墓地出土的西周铜猪尊代表了北方家猪的形态，该铜猪尊出土于 M113，通长 39 厘米，高 22.4 厘米，其背脊与腹部均可见范痕，器表磨损较轻。猪体硕壮，四足平踏。首吻部略上翘，嘴角有獠牙，双耳斜上竖，尾上卷。猪背上有圆形口，上有盖，盖上有圆圈形捉手。腹内中空，在颈部和猪首相隔。器盖上有云雷纹一周，间饰四圆目；器腹两侧有同心圆涡纹。这件铜猪尊刻画的应该是阉割后的雄性家猪。湖南湘潭出土的商代晚期铜豕尊代表了南方家猪的形态，该铜豕尊出土于距地表 1.5 米左右、直径约 1 米的圆坑中，全长 72 厘米，通高 40 厘米，重 39.5 千克，体积约 13 升。头部阴刻兽面纹，腹背为鳞甲纹，四肢和臀部为倒悬的夔纹，并以云雷纹衬地。夔首反顾，夔尾盘曲。整个花纹精美峻深，但不显得繁缛。猪两眼圆睁，平视，两耳招风，长嘴上翘，微张，犬齿尖长。背上鬃毛竖起。四肢刚健，臀、腹部滚圆。盖孔椭圆形，盖面饰鳞甲纹。上有鸟形盖纽，前后肘部有横穿的圆孔，可穿系绳索以抬运。这件铜豕尊刻画的应该是成年的雄性家猪。

山西天马－曲村晋侯墓地出土铜猪尊

湖南湘潭出土铜豕尊

图 3-13　商周时期青铜器所见南北方家猪品种差异

猪的驯化，为中国人赢得了稳定而充裕的肉食来源。在历史的长河里，虽然在某些历史阶段，猪肉的身份地位要低于羊肉，但是猪肉在肉食中所占比重始终居高不下。时至今日，我国猪肉消费占全部动物肉类消费的六成以上，中国人每年要吃掉7亿头猪，这意味着世界上一半的猪饲养在中国并且被端上了国人的餐桌，可以说，猪肉在满足人民群众日益增长的肉食需求方面居功甚伟。

中国先民最初是怎么喂养和管理猪的呢？放养和圈养是家猪饲养的两种方式。在最初阶段，中国先民采用放养的方式来养猪，家猪会像自己的野生祖先野猪一样，主要在野外获取食物。猪是“从来不挑食的乖娃娃”，无论是残羹冷炙，还是一些人类无法食用的植物，甚至是人畜的粪便，它都来者不拒。家猪的饲料来源非常多样，就种植小米的北方旱作农业区而言，距今 7000 年左右，猪的植物性食物中 C_4 信号变强，这表明古代人类开始用农作物小米的副产品来喂养猪。在距今 6800—6300 年的陕西西安姜寨和半坡遗址中，考古学者发现了猪圈遗迹。猪圈的出现意味着中国先民对猪的饲养进入了以圈养为主的新阶段。

姜寨遗址发现有 2 处猪圈遗存，其中 1 号圈栏的平面呈不规则形，长 5 米，宽 3.9 米，周圈有沟槽，槽底有柱洞 22 个 (图 3-14)；整个遗迹结构与同期的房址完全不同，如没有门道，圈栏内有 3—27 厘米厚的灰土，这是家畜的粪便堆积。2 号圈栏平面为长圆形，长 3.64 米，宽 3.05 米，只保留下周圈宽度 4—10 厘米、深度 7—22 厘米的长圆形小沟槽，其内南部尚有 1 个柱洞，圈栏内部有 8 个较密集分布的柱洞。此外，姜寨村落中央广场的西部和西北部分别有 2 处牲畜夜宿场。

半坡遗址也发现有 2 处猪圈遗存，其中 1 号圈栏的平面呈不规则长方形，长 7.1 米，宽 1.8—2.6 米，四周有沟槽，槽底有柱洞 43 个，南端有一层脏而硬的路土，可能是出入口 (图 3-15)。2 号圈栏形制同 1 号圈栏，东西长 5.7 米，南北宽 2.5 米，北面仅存凹槽，东和西边残存 27 个大小不一的柱洞，它们的直径为 4—16 厘米，深度为 9—50 厘米，柱洞大小分布有一定规律：东北和东南角柱洞最大，南边柱洞间距相等。

猪圈是中国先民的一项重要的发明创造。圈养的方式有很多优点，它能够保证猪

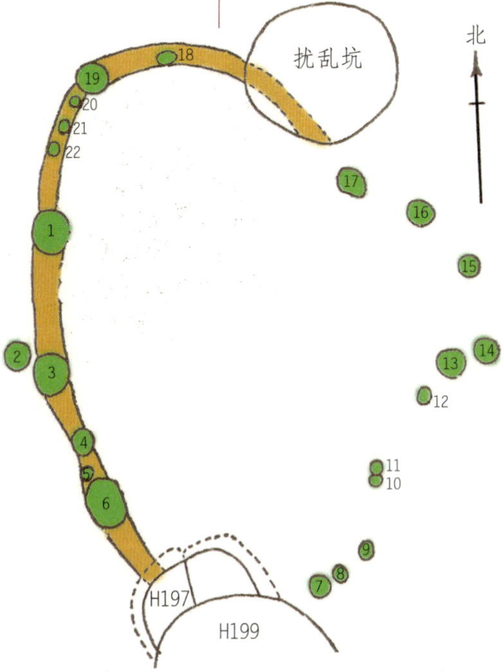

图 3-14　陕西西安姜寨遗址出土猪圈平面图

姜寨遗址共发现五期不同的文化遗存，其中前四期分属于仰韶文化的不同发展阶段，第五期属客省庄二期文化。姜寨遗址的发掘为研究关中地区仰韶文化的发展序列提供了重要依据。尤其是揭露了半坡类型的一处聚落遗址，其保存之完好、布局之清晰是前所未有的。遗址中出土的大量珍贵遗存，为我们探索先民的文化生活、经济形态和社会生活提供了珍贵的实物证据。1988 年，祁国琴发表《姜寨新石器时期遗址动物群的分析》一文，这是国内首次用科学的定量分析的方法对动物遗存开展研究工作。

图 3-15　陕西西安半坡遗址出土猪圈

半坡遗址的考古工作和研究，是以大面积揭露古遗址的聚落考古方式开展的，开创了中国聚落考古学先河，为复原中国母系氏族公社的社会生活提供了宝贵的资料。半坡遗址展示了仰韶文化不同阶段的文化面貌和社会结构，为仰韶文化的研究树立了半坡类型、半坡晚期类型两个阶段的标杆，为构建中国新石器时代文化编年标尺提供了标志性参照。1957 年，中国第一座遗址博物馆——半坡博物馆在原址上建成。

知识链接

中国先民对猪进行阉割是什么时候开始的？

山东大学王华在对河南邓州八里岗遗址（包括仰韶文化早期和中期，年代分别为距今6800—5600年和距今5600—5000年）的墓葬和祭祀坑中出土的大量猪骨进行研究后，发现母猪和疑似母猪的数量远远大于公猪，由此可以判定当时的人们已经掌握了猪的繁殖习性，并开始对其进行人为干预，从而有效地控制家猪种群的性别，这样的人为干预很可能就是阉割，疑似母猪可能是从小就被阉割的公猪。甲骨文可以为我们提供非常直观而形象的证据，如甲骨文中出现了表示阉割过的猪的字形，其用以传宗接代的器官已经被去除（图3-16），表明商代晚期中国先民阉割家猪的行为已经非常普遍。

图3-16　甲骨文中表示阉割过的猪的字形

（《甲骨文合集》15983）

的安全生长，不容易丢失，能够保证母猪和幼猪的安全，高效育肥；猪圈靠近居室，便于人们及时清理猪圈，减少疾病传染；圈舍的应用还能够便利地收集猪粪，猪粪可以肥田。

对此，英国生物学家、进化论的奠基人查尔斯·罗伯特·达尔文（图3-17）早在1868年出版的《动物和植物在家养下的变异》一书中就高度评价说“中国人在猪的饲养和管理上费了很多苦心，甚至不允许它们从这一个地点走到另一个地点”，而中国家猪“显著地呈现了高度培育所具有的那些性状”。

图3-17　达尔文像（1809—1882）

牛的驯化

图 3-18　黄牛形态图

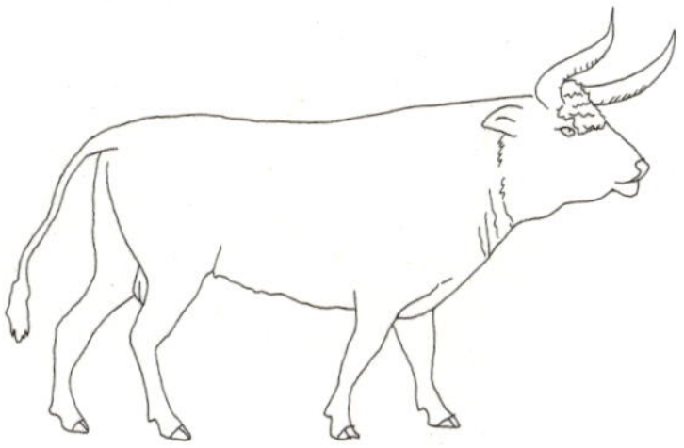

图 3-19　原牛形态图

家养黄牛 (*Bos taurus*)(图 3-18) 的野生祖先是原牛 (*Bos primigenius*)，原牛曾广泛分布在欧亚大陆和北非，原牛的体型庞大，肩高 1.8 米，体重可达 1 吨 (图 3-19)。就世界范围看，家养黄牛最早的考古学证据见于西亚的卡耀努遗址、幼发拉底河的佳得遗址及周边地区的其他遗址，其年代为距今 10800—10300 年。

依据动物考古和古线粒体 DNA 研究结果，家养黄牛最早在距今 5500—5000 年出现在我国的甘青和东北地区。

甘肃天水师赵村和西山坪遗址马家窑文化 (距今 5400—4700 年) 及齐家文化 (距今 4100—3900 年) 地层中出土有牛骨遗存，研究者认为狗、猪、牛、羊和马为家养动物。

甘肃礼县西山遗址仰韶文化晚期 (距今 5000 年左右) 地层中出土有牛骨遗存，经骨骼形态鉴定为黄牛，其尺寸大小与现生家养黄牛相似，在哺乳动物群中也占有较高比例，研究者认为家养黄牛已出现在该遗址。

甘肃武山傅家门遗址出土目前所知年代最早的牛卜骨遗物，其年代可以早到距今 5800 年，其中一件由牛肩胛骨制成，上有阴刻的 S 形符号。

吉林大安后套木嘎遗址出土有丰富的原牛骨骼遗存，研究者通过古线粒体 DNA 研究发现一例属于红山文化晚期 (距今 5500—5000 年) 的家养黄牛骨骼，这表明家养黄牛在 5500—5000 年前已传入我国东北地区。

中国先民最早开发了畜力的动物就是黄牛。考古工作者在河南偃师二里头 (图 3-20) 、偃师商城，河南郑州小双桥，河南安阳洹北商城、殷墟等青铜时代考古遗址

图 3-20　河南偃师二里头遗址宫殿区南侧道路与车辙（东一西）

二里头遗址是青铜时代早期典型遗址，是夏王朝晚期都城，现存面积约300万平方米。1959年开始发掘至今，累计发掘面积达4万余平方米。二里头遗址发现有大面积的宫殿建筑基址群、宫城城垣和纵横交错的道路遗迹，以及大型青铜冶铸作坊、绿松石器制造作坊、制骨作坊及与制陶有关的遗迹，遗址还发现与祭祀有关的建筑遗迹，发掘墓葬中包括出土成组青铜礼器和玉器的墓葬。该遗址发现有目前所知中国最早的宫城、最早的城市干道网、最早的宫殿建筑群、最早的青铜礼器群及最早的官营作坊区等。二里头遗址规模宏大，布局严整，是迄今为止可确认的中国最早的王朝都城遗址，开中国古代都邑制度之先河。同时，二里头遗址也是当时中国乃至东亚地区最大的城市遗址、中国青铜礼制的创造者，更是夏商周王朝乃至整个古代中国核心政治制度、身份认同和文化思想的奠基者。

知识链接

中国人何时喝上了牛奶？

牛“吃的是草，挤的是奶”，牛奶可能是人类驯化牛的重要原因之一。有研究表明，荷兰人在19世纪中期平均身高的增长与牛奶的饮用有关。我国罗布泊地区以古代楼兰文明而著称于世。早在公元前二千纪，这里就出现了最古老的青铜文明——小河文化；20世纪初，罗布泊的猎人奥尔德克首次发现它。目前，经过系统发掘和报道的小河文化墓地主要包括古墓沟墓地和小河墓地两处典型墓地。

古墓沟墓地位于罗布泊北、孔雀河古河道下游北岸的二级台地上。1979年，新疆社会科学院考古研究所在该墓地发掘墓葬42座。墓葬形制分两种类型：第一种类型为竖穴沙室墓，地表无环形立木；第二种类型地表均有七圈较规整的环形立木桩，类似放射状的太阳形。两类墓葬的随葬品基本一致，包括毛皮和毛织物、草篓、木器、骨器、玉器、铜器，还有小麦粒。

小河墓地位于罗布泊地区孔雀河下游河谷以南约60千米的荒漠之中，东距楼兰古城约102千米。1934年，瑞典考古学家沃尔克·贝格曼首次对其进行了发掘，发掘墓葬12座。2002—2005年，新疆文物考古研究所对墓地实施全面发掘，发掘墓葬167座，出土文物千余件、保存完好的古尸30多具。小河墓地是夏商时期塔里木盆地特色鲜明的青铜时代文化遗存，“小河文化”因此得名。

基于蛋白质组学分析，中国科学院大学杨益民等在古墓沟墓地发现有酸奶沉积物（距今3800年）、在小河墓地发现有开菲尔奶酪（距今4000—3500年），表明牛奶在距今4000年左右已经进入新疆先民的食谱。

中均发现有轨距在 1.6 米以下的车辙痕迹，在肯定家马直至商代晚期才出现在中原地区并且马车在当时为礼仪用车等证据的前提下，我们推测上述车辙痕迹可能源于牛车。

由此往前推导，河南周口平粮台遗址出土有中国最早的双轮车辙遗迹，车辙宽 0.1—0.15 米，深 0.12 米。车辙轨距约 0.8 米，该遗址还出土黄牛遗存（但未发现有同期的马遗存），因此我们推测用于交通运输的牛和牛车在中国境内出现的时间可以追溯至距今 4200 年。

春秋战国时期，牛车成为社会中层阶级主要的骑乘工具，老子和孔子就曾乘牛车周游列国。牛的役使引发了畜力革命，随着社会的发展，人类社会也逐步经历了蒸汽时代、工业时代，在当今信息时代，以牛为代表的畜力开发已经或正在黯然退场。

羊的驯化

图 3-21　绵羊形态图

图 3-22　盘羊形态图

家养绵羊 (*Ovis aries*)(图 3-21) 的野生祖先是盘羊 (*Ovis orientalis*)(图 3-22)，世界上最早的家养绵羊发现于伊朗西南部扎格罗斯 (Zagros) 及周边地区，年代为距今 10000 年。

依据考古学研究，中国家养绵羊可能最早出现在距今 5500—5000 年的甘青地区。

青海民和核桃庄遗址马家窑类型第 1 号墓葬（距今 5400—4700 年）中发现有随葬羊骨架的考古现象。

青海民和喇家遗址出土少量属于马家窑文化（距今 5300—5000 年）的羊遗存。

甘肃天水师赵村遗址马家窑文化石岭下类型（距今 5200 年左右）墓葬 (M5) 中也发现有随葬羊下颌骨的考古现象。

知识链接

中国人何时开始剪羊毛？

英国学者佩恩的研究表明，羊群的性别和年龄结构能够反映人类利用羊类资源的情况。如果养羊的目的是获取肉食，羊就会在最佳产肉的年龄阶段被屠宰，大量年轻的公羊会被宰杀，只保留数量很少的公羊作为种羊以繁育后代。如果养羊的目的是产奶，大量年龄在 2 个月以下的公羊就会被宰杀，大量母羊会被保留下来用以挤奶。如果养羊的目的是剪羊毛，大量成年羊就会被保留下来，公羊会被阉割，等成年羊到了六七岁容易脱落羊毛时才会被屠宰。

在该理论方法指导下，动物考古学者通过对距今 4300—3900 年的山西襄汾陶寺遗址、距今 4000—3700 年的河南新密新砦遗址中出土绵羊遗存进行年龄结构分析，发现半数以上的羊在 4—6 岁甚至年龄更大时才被宰杀，说明这两处遗址养羊的主要目的之一是剪羊毛并利用羊毛，因此可见，中国人早在距今 4000 年已经开始剪羊毛。

甘肃礼县西山遗址出土有属于仰韶文化晚期（距今 5000 年左右）的绵羊遗存。

马的驯化

家马 (*Equus caballus*)(图 3-23) 的野生祖先是野马 (*Equus ferus*)(图 3-24)，世界上最早的家马起源于中亚地区哈萨克斯坦的柏台 (Botai) 遗址，时间为距今 5500 年，但该认识存在争议。

依据考古发现和动物考古及相关研究，我国西北地区和西辽河流域早在距今 4000—3500 年已存在家马。

图 3-23　马形态图

图 3-24　野马形态图

甘肃永靖大何庄遗址出土 3 件齐家文化（距今 3600 年左右）马的下颌骨遗存。

甘肃永靖秦魏家齐家文化墓地（距今 4000—3600 年）出土有马骨。

甘肃玉门火烧沟遗址出土有距今 3700 年的可能用于仪式性活动的马骨。

内蒙古喀喇沁大山前遗址第 1 地点出土夏家店下层文化（距今 4000—3500 年）家马遗存，4 例马骨遗存分别属于线粒体世系 A 和 F，表明大山前家马母系来源的多样性。

内蒙古赤峰上机房营子遗址出土 2 件夏家店下层文化（距今 4000—3500 年）家马遗存。

图 3-25　河南安阳殷墟遗址出土马下颌骨遗存

马和马车遗存直至商代晚期（距今 3300 年左右）才在黄河流域中游和下游地区突发式大规模出现。随葬和埋葬马或车马的马坑及车马坑的考古现象在河南安阳殷墟（图 3-25 和图 3-26）、陕西西安老牛坡（图 3-27）和山东滕州前掌大（图 3-28）等遗址中均有发现。

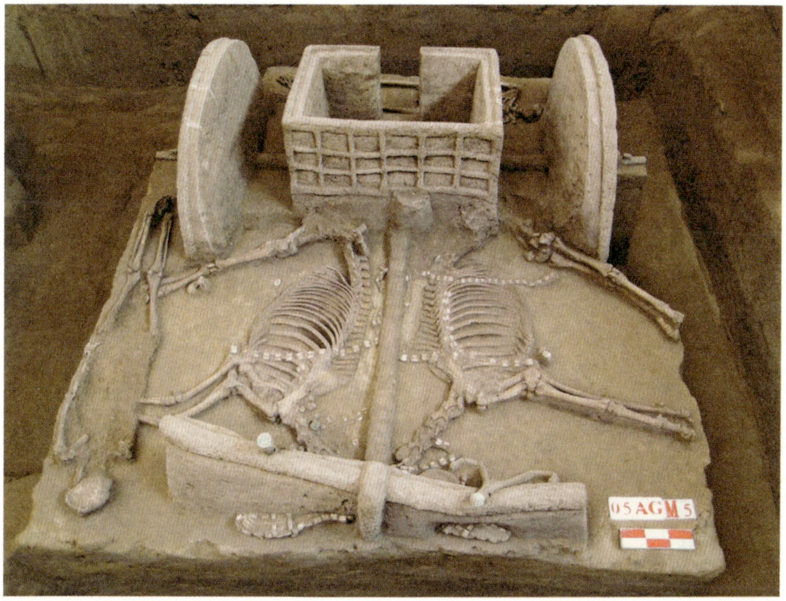

图 3–26　河南安阳殷墟遗址出土车马坑（2005AGM5）

图 3–27　陕西西安老牛坡遗址出土车马坑（86XLⅢ1M27）

图 3–28　山东滕州前掌大出土车马坑（M40）

知识链接

考古遗址中出土有关于阉割马的实证吗？

中国社会科学院考古研究所袁靖通过对陕西西安秦始皇陵大型陪葬坑出土的陶马和铜马进行研究，发现根据阴囊的有无可以把马分为两类：第一类是阉割过的公马，包括 1 号坑和 2 号坑里拉战车的陶马、铜车马陪葬坑中拉车的铜马、2 号坑中的部分鞍马；第二类是没有阉割过的公马，如 2 号坑中的部分鞍马（图 3-29）。这就表明，拉车的马都是阉割过的公马，鞍马则可以分为阉割和未阉割的公马两种。该研究为马的阉割技术在中国的出现和应用提供了实物证据。

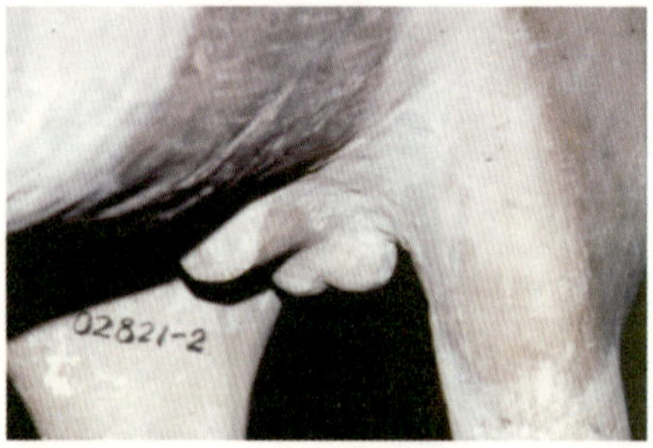

部分鞍马未阉割

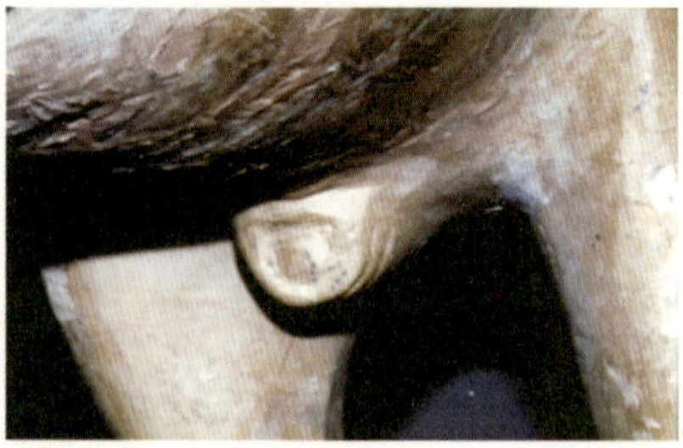
拉车的马都阉割

图 3-29　陕西西安秦始皇陵出土阉割和未阉割陶马

鸡的驯化

家鸡（*Gallus gallus domesticus*）（图3-30）的野生祖先是红原鸡（*Gallus gallus*）（图3-31），世界上最早的家鸡有可能源自中国境内。

就中国社会科学院考古研究所袁靖的研究而言，河南安阳殷墟遗址商代晚期（距今3300年左右）遗迹中出土有中国北方地区年代最早的家鸡遗存，主要证据包括该遗址灰坑中出土有一件家鸡头骨遗存（图3-32），甲骨文中“鸡”和“雉”两字的写法已有明显区分（图3-33），而且家鸡一般用作祭牲。说到“雉”，值得强调的是，“雉”即我们俗称的野鸡，虽名为野鸡，但它和家鸡的驯化毫无关系。就动物分类学而言，鸡和雉虽然都属于鸟纲，鸡形目，雉科，但二者属于不同的属，雉鸡就是环颈雉，属于雉属，而家鸡同它的野生祖先红原鸡属于原鸡属。雉鸡、红原鸡和家鸡在骨骼形态上非常类似，但仍然可以区分出红原鸡和家鸡有着骨骼形态保持一致、细微处不同的种内差异，而雉鸡骨骼上存在明显不同，因此，雉鸡一直是一种野生禽类，与家鸡的驯化无关。此外，同样为商代晚期的四川广汉三星堆遗址出土有青铜鸡的造型（图3-34），家鸡的特征比较明显。因此我们可以认为商代晚期时家鸡已经出现并且在中国境内已经有了较为广泛的分布。

图3-30　鸡形态图

图3-31　红原鸡形态图

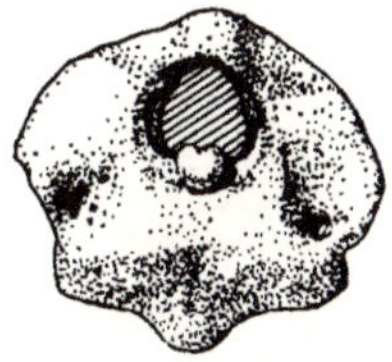

图3-32　河南安阳殷墟遗址出土鸡头骨遗存

“鸡”字（《甲骨文合集》18342）

“雉”字（《甲骨文合集》10921）

图 3-33　甲骨文中的“鸡”字和“雉”字

图 3-34　四川广汉三星堆遗址出土青铜鸡

青铜鸡出土于四川广汉三星堆二号祭祀坑，时代为商代晚期。青铜鸡铸立于“门”字形方座上。器座下端残缺，或许原是某件器物的端部造型。青铜鸡系用范铸法铸造，尾羽丰满，引颈仰首，气宇轩昂。其冠、眼、喙、爪、羽毛等刻画工细不苟，神形兼备。该鸡为雄性家鸡造型。

知识链接

中国人最早驯化的家禽是鸡吗？

目前，就考古遗址出土鸡骨遗存而言，中国最早的家鸡遗存出土于距今约3300年商代晚期的河南安阳殷墟遗址。而位于浙江宁波的田螺山遗址（距今7000—5500年），面积约3万平方米，以新石器时代河姆渡文化遗存为主，出土了丰富的文化遗物，包括陶器、石器、玉器、骨器、角器、牙器、木器等。因特殊的埋藏条件，遗址内的有机质文物保存状态良好，出土大量完整木器及树枝、树叶、茶树树根、菱角、橡子、芡实、葫芦、酸枣、炭化稻米、动物骨骼等，为研究河姆渡文化时期的文化、环境和生业方式提供了丰富资料。日本学者江田真毅等通过对田螺山遗址出土的232件鹅骨遗存进行骨骼形态、年龄结构、同位素和年代学研究，认为我国先民早在7000年前就已经驯化了鹅，这比家鸡起源的时间要早。因此，就现有研究而言，中国人最早驯化的家禽是鹅。

华夏九州，环境有殊，风俗各异，畜产有别。动物考古学者用一块块破碎的动物遗存拼就了中华大地上“六畜”起源和早期发展的历史场景（表3-1）:

距今10000年的华北平原上，河北保定南庄头的先民驯化了狗，主要用作狩猎助手。

距今9000—8500年，河南舞阳贾湖的先民真正开始掌握一种人为获取肉食资源的方式，家猪作为一种稳定而充裕的肉食来源进入人类社会。

距今5500—5000年，家养黄牛和绵羊从西亚经由欧亚大草原首先进入我国西北和东北地区。

距今4000—3500年，家马由中亚传入西北和西辽河地区，并迅速向黄河中下游地区推进。

距今3300年左右，家鸡在中国南方和北方已经有了较为广泛的分布。至此，中

表 3-1 中国六畜起源时间年表（依据袁靖等学者的研究）

家养动物	野生祖先	起源时间	起源地点
狗 (*Canis familiaris*)	灰狼 (*Canis lupus*)	距今 10000 年左右	河北保定南庄头遗址
猪 (*Sus domesticus*)	野猪 (*Sus scrofa*)	距今 9000—8500 年	河南舞阳贾湖遗址
绵羊 (*Ovis aries*)	盘羊 (*Ovis orientalis*)	距今 5500—5000 年	甘青地区
黄牛 (*Bos taurus*)	原牛 (*Bos primigenius*)	距今 5500—5000 年	甘青和东北地区
马 (*Equus caballus*)	野马 (*Equus ferus*)	距今 4000—3500 年	西北地区和西辽河流域
鸡 (*Gallus gallus domesticus*)	红原鸡 (*Gallus gallus*)	距今 3300 年左右	河南安阳殷墟、四川广汉三星堆遗址

国“六畜”家养动物格局正式形成。

在上万年的动物驯化历程中，中国先民以本土驯化动物为基础，有机吸纳外来家养动物种类，因地制宜发展本土畜牧业，从生产力发展的角度推动了中华文明的形成、发展、壮大和延续。这种强大的生产力内核，对整个亚欧大陆都产生了积极而深远的影响。

当我们跨越时空、鸟瞰史前华夏大地时，我们定会满心欢欣地发现，在祖国希望的土地和海洋上，处处洋溢着繁荣胜景——

中国北方草原地区水清草美，牧歌阵阵，“帐篷座座似白帆，风吹草低见牛羊”，这里的人们在特定环境中依赖动物来获得生产和生活的主要资源，游牧方式大行其道，驼铃声里、马蹄声中，一条史前畜牧之路正在贯通东西，陆上丝绸之路繁花似锦。

黄河中游和下游地区小米成熟，狗猪喧闹，牛羊点缀其中，走出的是一条兼收并蓄、发展农业的道路，包括畜牧业在内的农业活动更多地体现出计划性、管理性，孕育而生的将是精彩的王图霸业。

“一条大河波浪宽，风吹稻花香两岸”，长江中游和下游地区的人们饭稻羹鱼、渔歌唱晚，优越的自然环境在提供丰富的野生动物资源的同时，也在一定程度上限制

知识链接

六畜都是由中国先民自己驯化成功的吗？

中国家养动物起源的模式可以归为两种。

第一是本土驯化型，以猪和狗为代表，它们是中国古代先民自己驯化成功的，中国也是世界上最早驯化猪和狗的中心地区之一。鸡的驯化研究还有争议，有可能是在中国境内首先驯化成功的。牦牛是我国高寒、高海拔地区特有的畜种，全世界95%的牦牛分布在我国青藏高原地区，牦牛很可能是由中国先民驯化成功的。

第二是外源引入型，以黄牛、瘤牛、绵羊、山羊和马等为代表，它们不是中国古代先民驯化成功的，有可能是从西亚、中亚和南亚等地区引入到中国境内的。关于中国家养水牛是本土驯化还是外来传入的认知颇有争议，传统观点认为中国先民是最早驯化水牛的人群，但也有观点认为中国家养水牛是在距今3000年左右由南亚传入的，今后我们需要特别关注长江中下游地区、西南和岭南地区出土牛骨遗存并开展研究工作。

了人类对家养动物资源的开发和利用。直至历史时期，随着北人南迁，畜牧业大为改观，经济重心南移的趋势才势不可当。

在世界屋脊青藏高原之上，牦牛悠然自得，青稞傲然生长，酥油茶茶香四溢，这里的人们达成了与高冷之地和谐相处的千古盟约，世代守护这片人间净土。

在东海，在南海，在黄海，在渤海，一艘艘小木船开启了中国人驯服海洋的征程，海鲜渔获滋润了海滨人的生活，也向中原腹地运送着海洋的馈赠。在稍后的时间里，海面上将会出现千帆竞发的景象，“中国造”铺就了海上丝绸之路，也向世界传达着来自古老东方国度和平相处的美好愿景。

与神灵交会

祭祀礼仪是中国古代国家制度的重要组成部分，祭牲及与之相关的礼仪活动无疑是其中最为重要的内容。

中国是占卜文化的起源地，卜甲和卜骨是与神灵沟通的法器。

献给神灵的礼物——祭牲

一天，我去买猪蹄，家人叮嘱我说：“一定要买猪前蹄！”专业的人干专业的事，于是，我很认真地在猪肉铺前认真挑选前后蹄。由于我过于专注，肉铺老板忍不住问我在干啥，我说在挑猪前蹄呢。肉铺老板决定给眼前这位迂腐的秀才上堂课：“我的肉铺卖的都是前蹄，为嘛呢，后蹄肉多，饭店早就打包买走咧！”

拎着猪蹄回去的路上，我学术的大脑开始发动：祭牲当中选用骨骼部位是很有讲究的。文献记载说：殷人使用祭牲喜欢用后腿，周人喜欢用前腿。《礼记·祭统》记载：“凡为俎者，以骨为主。骨有贵贱。殷人贵髀，周人贵肩，凡前贵于后。”意思是说，古人祭祀，大多用骨头，不同的骨头贵贱不同。商代人喜欢用髀骨，周代人喜欢用肩骨，大体上是前部的骨头重要于后部的骨头。不过，根据袁靖等学者的研究，商代晚期祭祀活动中使用祭牲前肢、吉礼和凶礼分别用右侧和左侧牲体的行为与周礼相合。因此，周礼其实沿用的是殷礼，或并非如《礼记》中所言的喜好颇为不同。由此可见，考古在学术上具有证经补史，甚至有正（校正）史的作用。

《左传·成公十三年》记载：“国之大事，在祀与戎。”祭祀礼仪是中国古代国家制度的重要组成部分，祭牲及与之相关的礼仪活动无疑是其中最为重要的内容。

所谓祭牲，是指用动物当作祭品，奉献给祖先或神灵，以供享用。中国考古发现的动物祭牲多为家养动物，正如《左传·隐公五年》所载：“鸟兽之肉不登于俎。”中国社会科学院考古研究所陈星灿认为，这种现象产生的原因在于家养动物是驯化和饲养的（农作物也有一样的性质），是为人类所熟知且属于人类的，而野生动物为渔猎所得，是陌生的或非我的，所以不能够献给祖先或神灵享用。

新石器时代：祭牲的起源

狗和猪是最早用于祭祀的动物。在距今 9000—7800 年的河南舞阳贾湖遗址中，多个灰坑中埋葬有狗，贾湖先民用家猪下颌、猪牙饰（图 4-1）和牙刀（图 4-2）作

图 4-1　河南舞阳贾湖遗址出土猪牙饰

图 4-2　河南舞阳贾湖遗址出土牙刀

为随葬品，其中，随葬猪下颌骨的 M113 属于贾湖文化第二期（距今 8600—8200 年），M278 属于贾湖文化第三期（距今 8200—7800 年）(图 4-3)。

家养食草动物传入中国之后，马上被用作祭牲，以河南柘城山台寺遗址最为典型。河南柘城山台寺遗址一房址的南侧约 30 米处有一祭祀坑 H39，其中 9 头完整黄牛集中在一起埋葬，摆放比较规整，埋葬完整黄牛个体数量之多，在中国新石器时代遗址中是绝无仅有的。基于黄牛在祭祀中的重要性，这表明在当时举行了规格较高的祭祀活动，也表明该遗址在同期遗址中的特殊或重要地位（图 4-4）。

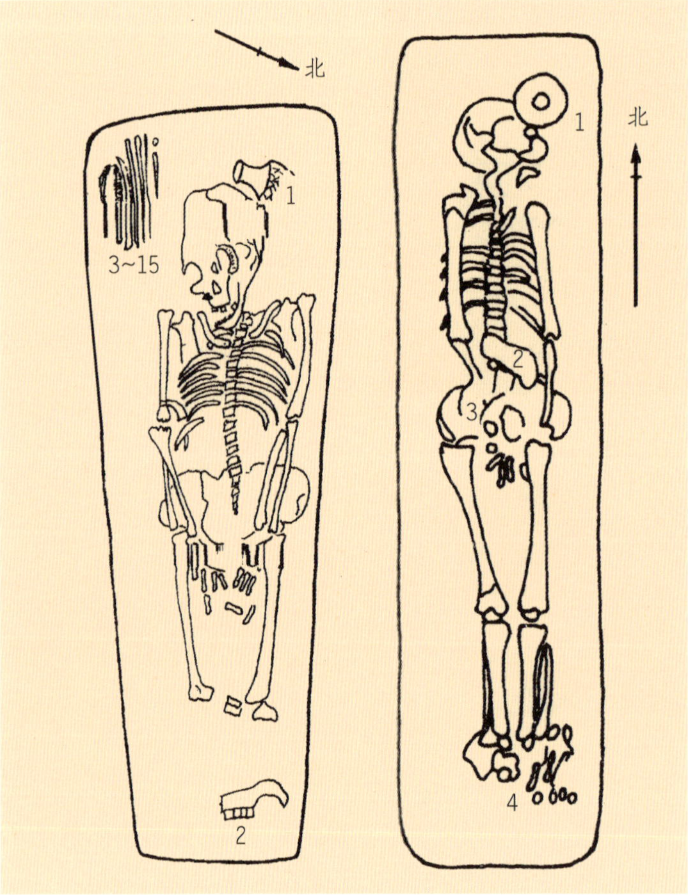

图 4-3　河南舞阳贾湖遗址用猪下颌骨随葬的现象

左为 M113，右为 M278，图中数字 2 均为猪下颌骨

图 4-4　河南柘城山台寺遗址出土牛坑

山台寺遗址面积 7000 余平方米。1995—1997 年，中国社会科学院考古研究所与美国哈佛大学组成的中美联合考古队对该遗址进行了发掘，发掘面积 398 平方米。遗址以龙山文化遗存为主，还发现有岳石文化、商代晚期和东周时期的文化遗存。山台寺遗址发现的夯土台基、成排房址、九牛祭祀坑、贮粮窖穴等反映了龙山文化的重要内涵，为探讨与先商文化的关系提供了重要线索。

猪是新石器时代最为常见和最主要的祭牲。为什么大量选用家猪作为祭牲？西汉淮南王刘安及其门客编写的《淮南子 · 泛论训》云：“夫飨大高而彘为上牲者，非彘能贤于野兽麋鹿也，而神明独飨之，何也？以为彘者，家人所常畜，而易得之物也，故因其便以尊之。”这句话是说，猪是祭祀祖先的上等祭品，并不是因为猪比野兽麋鹿更胜一筹，神灵独自享用它的原因是猪是农家的常畜，是容易得到的资源，所以便很自然地把它放在尊位。

说起“野兽麋鹿”，麋鹿确实也是新石器时代遗址中常见的一种祭牲，如在河南巩义双槐树遗址的大型中心居址内，位于第二排中间，也就是整个大型中心居址的中心位置的 F12 房址中，就发现有一副头向南朝着门道的完整的麋鹿骨架。饶有趣味的是，F12 房址中最引人注目的发现是用九个陶罐摆放而成的图案遗迹，这个图案遗迹酷似古代的“北斗九星”，而麋鹿骨架恰好位于“北斗九星”的上端，也就是象征北极星的位置（图 4-5）。在古人眼里，麋鹿是一种神奇的瑞兽。《逸周书》曰：“夏

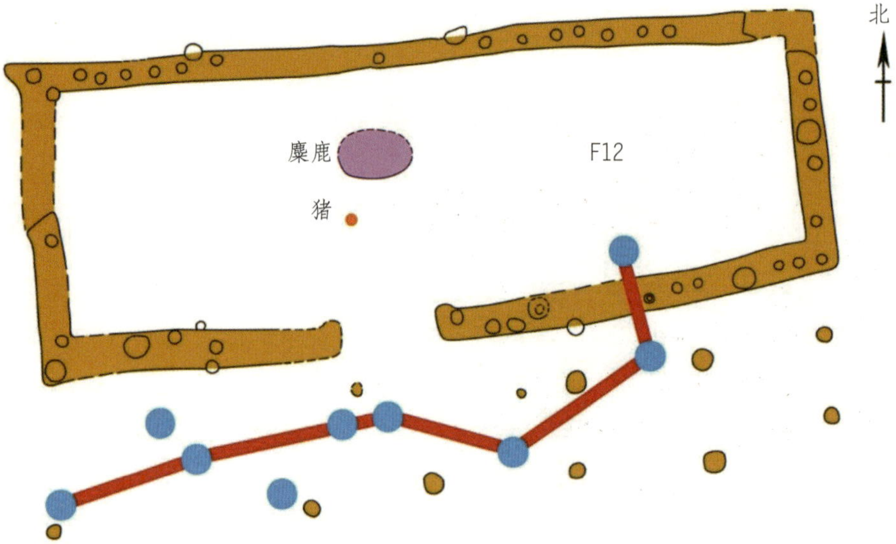

图 4-5　河南巩义双槐树遗址 F12 与北斗九星遗迹

至之日，鹿角解。”鹿是属阳性的山兽，因阳气盛极而衰，鹿角在夏至脱落，是自然界万物更替的结果。而麋鹿与其他鹿不同，麋鹿的角朝后生，属阴性，在冬至时“麋角解”，意味着阴气渐退，阳气初生，一年到头否极泰来。所以，统治者把麋鹿脱角视为吉祥的象征，并把麋鹿与一年中最重要的节气冬至相关联。此外，道教中有“三蹻”的说法，“三蹻”指龙蹻、虎蹻、鹿蹻，它们是帮助神巫上天的飞行工具，其中鹿蹻日行千里，往来如飞，可与上天沟通。当然，在麋鹿骨架的南边，考古人员还发现了一副猪骨架，不过暂时还不能确定这副猪骨架与麋鹿骨架是否同属一个房屋，与其他遗迹是否在同一层位中，它具体的信息尚待整理与确认。

由此可见，与有特殊含义却不易获得的麋鹿等野兽相比，猪牲的频繁使用，正是因为家猪是比较容易获得和为人类所掌控的资源。

距今 6000 年：祭牲的分化

仰韶文化中期（距今 6000 年）以来，社会等级较高的墓主人的墓葬或特殊遗迹及成年男性墓葬中随葬和埋葬更多猪骨（特别是猪下颌骨）的倾向越发明显，表明猪已成为区分社会等级和身份地位的标志物，其作为地位和财富的象征含义越发显著。

以山东泗水尹家城遗址为例，在该遗址属于龙山文化的 65 座墓葬中，7 座大型或较大型墓葬中随葬有猪下颌骨，数量不一，多者 32 副，少者 4 副，均为幼年个体。以 M15 为例，该墓室呈圆角长方形，西段的内椁和棺室之间放置有 23 件陶器，陶器北侧随葬猪下颌骨 20 副。

商代中期至晚期：牛牲的上位

商代中期的河南郑州小双桥遗址开始大规模用黄牛祭祀，且多用牛头，据统计，动物祭祀遗存以牛牲祭祀坑（可分为牛头坑、牛角坑和牛角器物坑）最多（图 4-6），狗牲、羊牲和猪牲祭祀坑数量很少。

商代晚期的河南安阳殷墟遗址中发现动物牺牲的种类更加丰富，除了猪和黄牛，还有狗、绵羊和马等。家养食草动物在祭祀活动中的重要性更为突出，家马及驯马技术在商代晚期引入中原地区之后，家马也成为常用的祭牲，比如在河南安阳西北岗的王陵里就发现了大量的马坑和车马坑。从动物考古研究数量统计的结果看，牛牲数量最多，其次为马牲、狗牲、羊牲，而猪牲的数量较少。根据甲骨卜辞，一次祭祀活动使用几十甚至上百只牛或羊祭牲的现象屡见不鲜。无论是宗庙祭祀还是墓葬祭祀，王室和贵族在祭品的种类、数量和祭祀场所等方面都有等级差别，甲骨卜辞中对于祭牲的品种、毛色、性别、圈养方法和杀牲等均有明确规定，这说明商代晚期的祭祀已经出现用牲礼制的萌芽。以毛色为例，商代祭祀卜辞中涉及祭牲的颜色大体为 6 种：黄、幽、黑、骍、物和白，牛牲的毛色选用最为复杂（图 4-7），殷人对白色动物确实比较看重。

图 4-6　河南郑州小双桥遗址出土黄牛头骨和角

小双桥遗址位于河南省郑州市西北，面积约 150 万平方米。历年来的发掘发现有夯土墙、大型高台夯土建筑基址、宫殿建筑基址、房基、祭祀坑、灰沟、与冶铜有关的遗存及种类繁多的文化遗物。其中大型祭祀废弃堆积坑共发现两个，包含有大量牛头或牛角及象头、象牙、猪、狗、鹿、鹤等动物的骨骼。用牛头或牛角作祭品的祭祀坑数量较多，牛头或牛角的形制也不一样：有的是一具从顶骨经过颅骨向下切至下颌骨的面骨部位，两侧保留两个完整的牛角；有的是数具牛头或带局部头骨的牛角无规律地摆放在一起；有的仅有一只或几只带牛头骨的牛角；有的坑内牛头（角）与陶器残片等遗物同出。牛数量经统计发现在 60 头以上，经鉴定这些牛均为黄牛。另外还发现狗骨祭祀坑一个，平面呈椭圆形，内埋一具幼狗骨架。

白牛（《甲骨文合集》1423）

物牛，即杂色的牛（《甲骨文合集》15616）

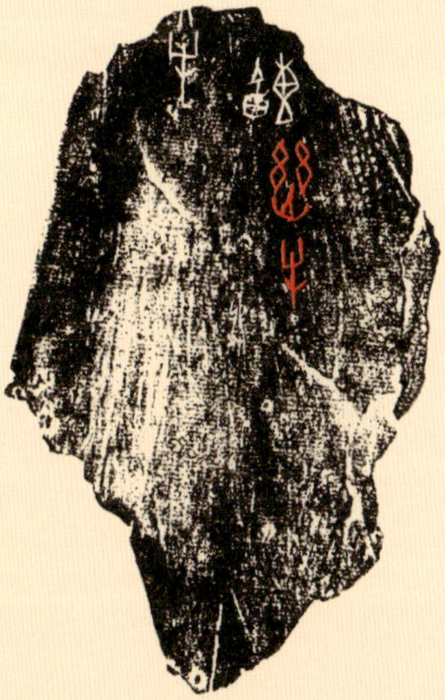

幽牛，即灰黑色的牛（《甲骨文合集》33606）

黑牛（《甲骨文合集》29508）

骍牛，即赤色的牛（《甲骨文合集》27122）

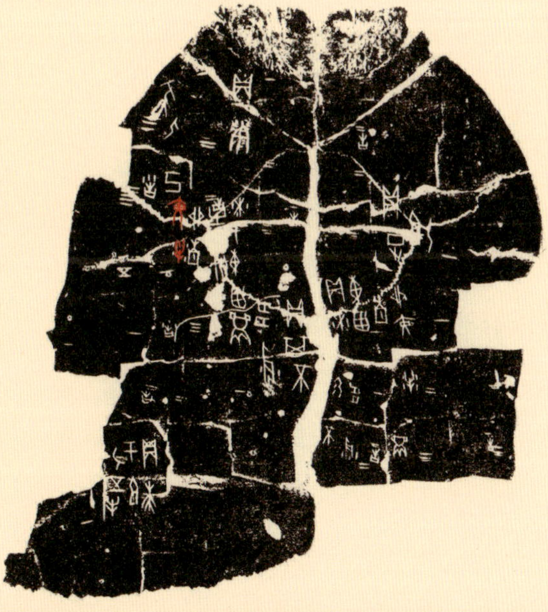

黄牛（《甲骨文合集》14315 正）

图 4–7　甲骨文中各种毛色的牛

知识链接

十二生肖里为什么没有猫？

十二生肖的起源是在东周时期，而其成型是在东汉时期，东汉王充在《论衡》一书中讲到了十二种动物与十二地支的对应关系。那么，家猫是何时出现的呢？有观点认为，世界上最早的家猫出现于距今4000年的古埃及，在距今2000年左右由欧洲传入中国，而到了唐代才被国人广为知晓。因此，当十二生肖确立之时，家猫在中国还没有广泛出现，十二生肖中没有猫也就不足为奇啦！

太牢与少牢：祭牲礼制化的形成

春秋时期，祭牲礼制化确立，《大戴礼记 · 曾子天圆》记载："序五牲之先后贵贱。"五牲按等级高低一般是牛、羊、猪、狗和鸡，通过确立祭牲的等级和组合以构建使用这些祭牲的人或人群的地位，从而确立统治秩序。

祭祀是国之大事、国之常事，自春秋至清代，"太牢"（牛、羊、猪的组合）成为官方宗教和仪礼活动中的固定用牲组合。西汉礼学家戴圣所编《礼记 · 王制》中说：

天子社稷皆大牢，诸侯社稷皆少牢。大夫、士宗庙之祭，有田则祭，无田则荐。庶人春荐韭，夏荐麦，秋荐黍，冬荐稻。韭以卵，麦以鱼，黍以豚，稻以雁。祭天地之牛角茧、栗，宗庙之牛角握，宾客之牛角尺。诸侯无故不杀牛，大夫无故不杀羊，士无故不杀犬、豕，庶人无故不食珍。庶羞不逾牲，燕衣不逾祭服，寝不逾庙。

图 4-8　荐新

简而言之，天子用太牢或大牢，也就是牛、羊、猪三牲，诸侯只能用少牢，也就是用羊和猪二牲，最低阶层的庶人平民，在用春韭、夏麦、秋黍、冬稻等时令农产品祭祀的同时，可以适当地配上一些鸡蛋（卵）、鲜鱼（鱼）、猪肉（豚）、大雁（雁）等祭祀，称为“荐新”（图 4-8）。

战国时期礼崩乐坏，列鼎及祭牲的使用曾出现僭越现象。河南洛阳西工 131 号墓位于东周王城之内，其年代为战国中期或稍晚，该墓墓主人为周王室中卿大夫一级的贵族，但墓中随葬器物丰富，且出有五鼎，鼎内牛、羊、猪、狗和鸡五牲俱备，为《周礼》中天子、诸侯之祭。

虽然自商代起，庙堂之高，以牛为尊，但江湖之远，猪牲仍存。商周时期的地方聚落或一般村落祭祠始终以猪牲为主，如安徽滁州何郢遗址西周中晚期地层中虽出土有黄牛和马等动物遗存，但二者并未被用作祭牲，而在 22 处造型规整的祭祀坑内放置的均是一具完整的猪或狗的遗存（存在用石头替代猪头的现象）（图 4-9 和图 4-10），呈现一牲一坑的埋葬方式。其中，猪牲的死亡年龄普遍没有超过 1 岁，这种用幼猪做祭牲的考古现象虽然与新石器时代至商代早期相同，但其内涵发生了改变。新石器时

图 4–9　安徽滁州何郢遗址出土狗骨架

图 4–10　安徽滁州何郢遗址出土猪骨架

代至商代早期猪牲多用幼年个体，可能是出于尽量降低祭祀成本的考虑，而周人祭祀用牲崇尚幼犊，据《礼记·郊特牲》记载，“用犊，贵诚也”，可能包含有对幼年个体家养动物纯洁性的看重的意味。

时至今日，在民间祭祀中，猪仍然享受着奉献给祖宗的香火。浙江淳安是著名风景区千岛湖所在地，淳安朱家村村民均为宋朝理学名家朱熹的后裔。宋末元初时，朱熹第四代曾孙朱澹为逃避元兵迫害，迁徙至此，这里始称朱家村。此后，朱澹为了不忘祖宗功德，每逢过年都用猪头供奉祖先朱熹，一直延续了八百余年。“朱”“猪”“祖”三字谐音，这是朱家村民俗的独特之处。一头饲养了整年的猪，是传统中的“大礼”，以猪头祭祖，是朱氏后人表达对祖先神灵恭敬的方式。祭祀时还设置赛猪头的环节，形成了一种纯朴而务实的励志氛围，增加了村民的凝聚力，增进了邻里之间的团结（图4–11）。

猪头祭祖仪式

朱家村朱氏宗祠

图 4-11　浙江淳安朱家村村民用猪头祭祖

每年正月初十，朱家村村民都要早早起床，将自家猪头插上鲜花供进祠堂祭桌，进行沿袭了 800 年之久的“猪头祭祖”的民间祭祀活动。

征兆吉凶的灵器——卜骨

明天天气怎么样？我们可以看天气预报；

生病了要多久才能康复？我们可以去医院看医生；

心情焦虑不安怎么办？我们可以去咨询一下心理专家；

足球比赛能不能取胜？这在很大程度上取决于日常的训练；

月亮之上有神仙嫦娥和白兔捣药吗？“嫦娥号”人造卫星、“嫦娥号”月球车已经带回了答案。

…………

对于如今的我们而言，这些实在是简单的常识性问题。

但是在古代，人类对于山川河岳、风雨雷电、日月星辰、生老病死、社会运转等缺乏认知，于是便借由占卜的方式来与神灵和祖先沟通，希望能够获得神谕，获得精神上的慰藉。

中国是占卜文化的起源地

卜甲和卜骨是与神灵沟通的法器。

中国是卜甲的起源地。在河南舞阳贾湖遗址中就发现有很多完整的龟壳，内装石子，可能是巫师沟通神灵的法器（图 4-12）。

中国也是卜骨的起源地。早在距今 5800 年的甘肃武山傅家门遗址，就出土了目前所知世界上年代最早的卜骨遗物，卜骨由牛、羊和猪的肩胛骨或盆骨制成，这 6 件卜骨上都没有钻痕和灼烧痕迹，上多阴刻有“1”“11”“二”“S”等符号（图 4-13）。卜骨文化原生于甘青地区，后在龙山文化后期广泛传播到了黄河中下游地区。如果我们放眼全球，卜骨文化有可能由黄河中下游地区继续向东传至朝鲜半岛，向东北越过白令海峡传到北美地区，向西传到爱尔兰和摩洛哥。

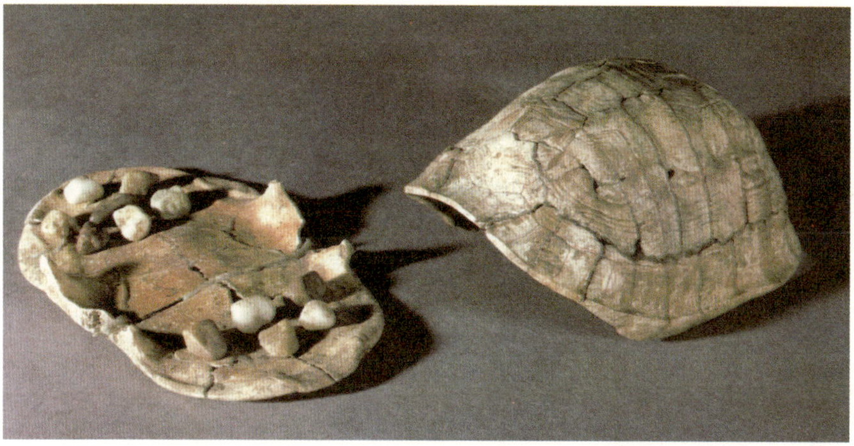

图 4-12　河南舞阳贾湖遗址出土龟甲及内装石子

图 4-13　甘肃武山傅家门出土卜骨（猪肩胛骨制成）

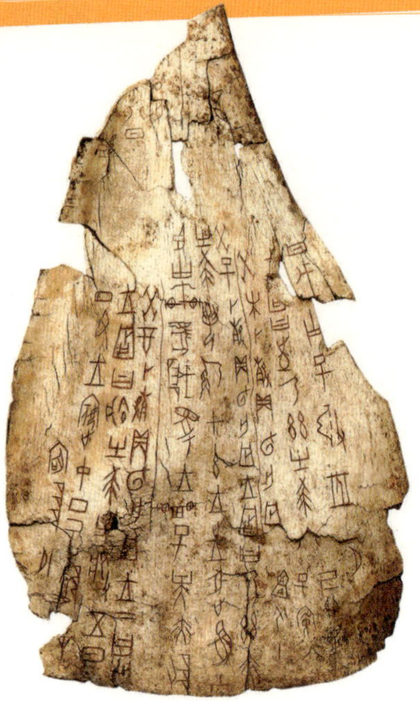

图 4-14　河南安阳殷墟遗址出土卜骨（由牛肩胛骨制成，《甲骨文合集》10405）

图 4-15　河南安阳殷墟遗址出土卜甲（由龟腹甲制成，《甲骨文合集》05611）

商代晚期：占卜文化的鼎盛

商代晚期为占卜最为兴盛的时期。从武丁开始，商王王室把每次占卜、祭祀的内容都刻录在卜甲和卜骨上，从而保留下来中国目前发现最早的、成系统的成熟文字。商代巫术盛行，占卜的内容非常广泛，几乎到了无事不卜、无事不问的程度。河南安阳殷墟遗址中出土了大量由动物肩胛骨和龟甲制作的卜骨（图 4-14）和卜甲。龟卜占据主导，龟的腹甲成为比较特别的、高级别的、可信度最高的占卜用具（图 4-15）。

为什么用龟甲作为占卜用具？早在距今约 2000 年的东汉王充就在《论衡 · 卜筮》中做出了解释：

> 子路问孔子曰："猪肩羊膊，可以得兆；雚苇藁芼，可以得数，何必以蓍龟？"孔子曰："不然。盖取其名也。夫蓍之为言'耆'也，龟之为言'旧'也，明狐疑之事，当问耆旧也。

也就是说，人们在占卜时之所以会更乐意用龟甲制作卜甲，是因为龟的寿命长，人们认为它博古通今、无所不晓，故而求龟甲而问卜。此外，卜甲所用龟类动物多来自贡纳，有来自中国南方者，更有源自南洋地区者，因其难得而宝贵（物以稀为贵）也是原因之一。当然，卜骨也有大量使用，黄牛肩胛骨几乎垄断了卜骨的制作，殷墟遗址较为发达的养牛业推动了卜骨及骨器制作业的大发展。

西周时期：占卜文化的衰落

经历了商代晚期用卜骨和卜甲占卜的顶峰期之后，西周时期人的天命观念发生了改变。周人认为影响天命的不再是神灵的意志，而是人自身的德行，因此他们对占卜的内容进行了简化。占卜只是为了预知吉凶，把卜辞契刻在甲骨上的行为就失去了意义，用蓍草来占卜的行为逐渐盛行。

《诗经·卫风》中有一首诗歌《氓》，是春秋时期卫国的民间歌谣，这首诗以一个女子之口，率真地述说了她恋爱、情变的经历，鲜活动人。其中几句诗句就记录了她对爱情婚姻充满向往，对即将来迎娶的男子朝思暮想，用龟甲和蓍草占卜吉凶的过程：

乘彼垝垣，以望复关。不见复关，泣涕涟涟。既见复关，载笑载言。尔卜尔筮，体无咎言。以尔车来，以我贿迁。

这里的“尔卜尔筮，体无咎言”中的“卜”即指卜卦，用火灼龟甲，看龟甲的裂纹来判断吉凶，这是从商代流传下来的占卜方法；“筮”即指用蓍草排比推算来占卦，这是西周以来流行起来的占卜方法。女子“不见则忧，既见则喜”，反复占卜，为没有不吉利的预兆而喜悦，“殆痴于情者耳”（《诗经原始》）。

陕西岐山凤雏村遗址，是一处西周早期的遗址，它出土了数量较多的卜骨，就能确定动物种属的情况看，这些卜骨均由牛肩胛骨制成，卜骨不去臼角，以骨臼向下为正，背面有圆钻，钻内有槽，排列不太规整。

时至今日，一些少数民族如彝族、羌族、纳西族和赫哲族依然保留着用动物肩胛骨进行骨卜的习俗，羌族和纳西族只用羊肩胛骨制成卜骨，彝族卜骨以羊肩胛骨为主，兼用牛和猪肩胛骨，赫哲族用狍等鹿科动物的肩胛骨制成卜骨进行占卜。

俗世之骨

骨骼、木头、石头等是天然的制作工具的材料，人类利用骨骼制作骨器并使用骨器的历史十分悠久。

动植物遗存不是毫无用途的“自然遗物”，它们作为特殊文物资源讲述了关于中华古代文明之生业基础的精彩故事。

古人的匠心——骨器

老舍先生是我国著名的小说家、剧作家、人民艺术家，他的一处故居就坐落在离我单位不远的丰富胡同里，他在此创作了《茶馆》《龙须沟》等传世巨作。一日，中午闲暇，我溜达到这处又名“丹柿小院”的四合院里参观。展品中有几件名为“嘎拉哈”的玩具引起了我的兴趣，嘎拉哈源自满语，又称羊拐、骨头子儿，是旧时北方地区孩子们的玩具。这种玩具主要选用的是羊的距骨，也有用猪、牛和狍等动物骨骼的情况（图5-1）。

参观完毕，我沿着皇城根公园回去，居然迎面碰到了一位摇着蒲扇一样的骨头、挑着担子的小贩。担子前后的挑篮里放着一些骨器。那块扇骨上满雕花纹，沿边用铁丝缀着些铃铛，看起来应该是某种动物的肩胛骨。他一边摇着这块肩胛骨叮当作响，一边叫卖骨器，给人一种穿越到旧日北平的错觉。出于职业的本能，我唤他停下，他热情地向我介绍说这篮里的骨器都是纯手工制作的。我细看那些骨器的造型都比较简单，只是些梳子、簪子、生肖之类，切割打磨一看就是用机器完成的。我把那块肩胛骨借来一观，是一件猪的肩胛骨，现在家猪多是“洋猪”的后代，膘肥体壮，因此这件猪肩胛骨的尺寸也很

图 5-1　嘎拉哈，羊拐

大。我随口问他：“这是什么动物的肩胛骨？”他很肯定地回答：“牛的肩胛骨！这些骨器也都是用牛骨做的。”我张了张口，很想用专业的知识告诉他，骨器是否用牛骨制成暂且不论，单是这肩胛骨就不是牛的。但想到莫要多费口舌和凭空卖弄，遂作罢。我本想拍张肩胛骨的照片留作以后的谈资，但小贩看我并非真心买骨器，便从我手里抢过那块据称是“牛的肩胛骨”的“猪的肩胛骨”，悠然挑担离去了。

骨骼、木头、石头等是天然的制作工具的材料，人类利用骨骼制作骨器并使用骨器的历史十分悠久。

人类使用打制骨器的历史可以早到距今 180 万—100 万年的南非和东非地区。

使用磨制骨器的历史可以早到距今 9 万—7 万年的撒哈拉以南的非洲地区。

距今 4 万—1 万年时，骨器在非洲和欧亚大陆较为普遍地出现。在旧石器时代晚期，欧洲骨料来源多为驯鹿、野马和猛犸象，近东骨料来源主要是黇鹿、狍、野山羊、羚羊。

东亚和东南亚地区在制作骨器时对软体动物的壳有特殊的偏好，对鹿角的利用并不充分，利用猛犸象和剑齿象的骨骼和牙齿制作骨器和牙器的现象几乎不见。

距今 1 万年以来，鹿科和牛科动物是中国先民制作骨器的主要骨料来源，并呈现出由鹿科动物向黄牛转化的显著变化。

新石器时代：鹿骨为王

新石器时代骨料来源主要为鹿科动物，多选用肢骨、角等骨骼部位，也有用肩胛骨的，如早期新石器时代的河姆渡文化的典型遗物——骨耜，就常用鹿或牛的肩胛骨制成。（图 5-2）另外，动物的牙齿是制作牙器的主要来源，特别是雄性野猪的犬齿和雄性牙獐的犬齿（图 5-3）。

动物考古学者对甘肃秦安大地湾遗址（包括前仰韶期，仰韶文化早、中、晚期，以及常山下层文化，年代为距今 7800—4800 年）出土的骨器进行了鉴定和研究，发现骨料来源主要为野生的鹿科动物，种类包括狍、马鹿、麝和毛冠鹿等，约占 2/3，此外，家猪骨骼是次之于鹿的骨料来源，占 8%。

青铜时代：黄牛骨骼与制骨作坊

从二里头文化开始，黄牛骨骼逐步成为主要的骨料来源，并产生了专业化的制骨作坊。

属于二里头文化的河南偃师二里头遗址至少存在 3 处制骨作坊：

1 号作坊位于宫殿区东部四号基址南侧，发现有大量骨器、骨料、砺石等制骨遗物及加工场所、水井、灰坑等生产性遗迹。使用时间为二里头文化第二至第四期。

2 号作坊位于遗址 VI 区的祭祀区附近，发现有骨器半成品、骨料等遗物及骨料坑、烧土面、房址等生产性遗迹。使用时间为二里头文化第四期。

3 号作坊位于宫城西南角，为一处面积约 100 平方米、深度近 3 米的灰土堆积，表面散落大量存在砸击、切割和磨制痕迹的骨角质遗物，原料来源为动物肢骨、肋骨、

图 5-2　浙江余姚河姆渡遗址出土骨耜

骨耜为河姆渡文化的典型遗物，多数用大型和中型哺乳动物的肩胛骨。骨耜的制作遵循“以形制器”的原则，因此骨耜器型基本上保持了肩胛骨的自然形态，肩胛骨关节盂和肩峰等部位被削平，以便安柄，骨面中间多凿两孔以系绳，器身磨光，肩胛骨上端薄而宽的部位被利用做刃部。骨耜是否为翻耕农田工具，目前学界仍有争议。

图 5-3　河南巩义双槐树遗址出土牙雕蚕

这件牙雕蚕年代为距今 5300 年左右的仰韶文化中晚期。在双槐树遗址的中心居址区位置正中的 F12 的夯土中发现有 1 具完整的麋鹿骨架和部分猪骨，在其西北部的墓葬区也发现有用完整猪骨埋葬和随葬的考古现象。这件牙雕蚕的骨料来源为雄性野猪下颌犬齿。双槐树遗址动物考古研究表明，家猪饲养规模在仰韶文化中晚期迅速扩大，家猪已经成为比较容易获得的动物资源，同时遗址内还出土有野猪遗存，野猪下颌犬齿是制造牙器的主要来源。

图 5-4　河南偃师二里头遗址出土骨猴

这件骨猴 2002 年出土于二里头遗址 M6 墓葬中，墓主人年仅 1.5—2 岁。骨猴放置在墓主人胸前位置，高 2.2 厘米，宽 0.75—0.96 厘米，只有指头肚大小，属于微雕作品。骨猴猴脸，人身，抱膝蹲坐，通体抛光，制作精巧，栩栩如生。

正面　右侧面

背面　左侧面

图 5-5　河南偃师二里头遗址出土骨锥

二里头遗址骨角器的制作已经普遍使用切割法，可以保证按照人们的意图截取骨角料，比较高效地对原料进行利用。加工骨角器时的切割痕迹具有明显的分布规律，可以推测当时加工骨、角、蚌器的技术已经比较成熟。这件骨锥尖部残损，整体较短，残长 5.45 厘米，宽 2.5—3 厘米。

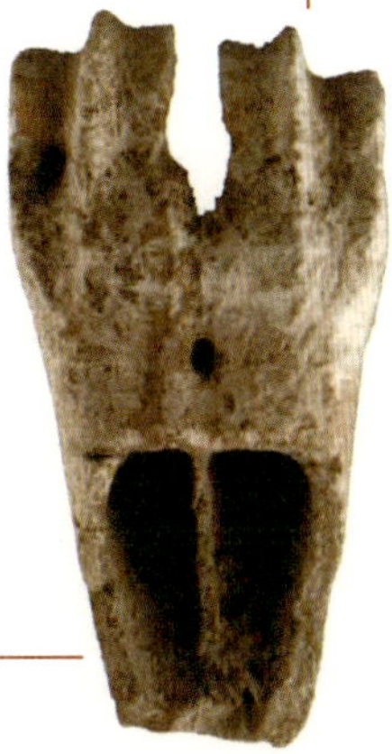

牛角和鹿角等，遗物有成品，也有半成品和废料，包括了骨角器加工制作的多个环节。使用时间为二里头文化晚期。

此外，二里头遗址还在宫殿区的东部、南部和西部发现有 5 处骨器加工点。

二里头遗址骨器成品以骨镞和骨笄为主，还有骨雕、骨锥和卜骨等（图 5-4 和图 5-5）。骨器作坊生产的骨器仅能供应二里头都邑的王室和贵族之需。骨料来源主要为黄牛，骨骼部位包括肢骨、肋骨和下颌骨，鹿科动物也占有少量比例，家猪等其他家养动物（如羊和狗）的骨骼仅偶尔使用。

商代晚期的河南安阳殷墟遗址的骨器生产已经是高度专业化的行业，制骨作坊主要有 3 处：

大司空村制骨作坊遗址的年代为殷墟文化第二至第四期，殷墟文化第一和第二期制骨遗存较少，殷墟文化第三和第四期制骨遗存最为丰富。

北辛庄制骨作坊的年代为殷墟晚期。

薛家村南（或铁三路）制骨作坊的年代为殷墟文化第二至第四期晚段，以殷墟晚期为发达期。

图 5-6　河南安阳殷墟遗址大司空地点出土骨笄

左侧骨笄残长 14.5 厘米，笄头刻有一对凤鸟，两面刻有交错的阴线纹，形成数十个小方格。笄杆中部横截面为三角形，下部尖细。右侧骨笄残长 11.7 厘米，笄头刻有一只凤鸟。

图 5-7　河南安阳殷墟遗址大司空地点出土雕花骨匕

这件骨匕长 24.3 厘米，通体磨光，制作精美。两面雕刻，骨匕上半部分有纹饰，纹饰可分为三段：上段为夔龙纹、云雷纹等，中段为简化的夔龙纹，下段为倒三角纹。

这 3 处制骨作坊以生产骨笄为主，附带生产骨锥、骨刀和雕花骨块等（图 5-6 和图 5-7）。骨笄的数量极多，远超王室与贵族消费之需，也有用于商品生产的情况。骨料来源主要为黄牛，还包括水牛、猪、羊、鹿和马等动物，选用骨骼部位以肢骨为多，其次为下颌骨和鹿角，雄猪的下颌犬齿是制作牙器的重要原料。

随着金属等材料的应用，制骨手工业日渐走向没落，但在少数民族地区仍存在制作骨器的情况。黑龙江流域的鄂伦春族在 20 世纪 60 年代依然保留着制骨手工业，其骨料来源主要是狩猎和驯养的各种鹿科动物（驯鹿）的肢骨，骨器类型包括箭头、鱼钩、骨针、耳环和骨笄等。

来自河南安阳殷墟遗址的故事

俗语说：三百六十行，行行出状元。很多行业已经消失于历史的长河中。考古工作者通过对考古遗址进行发掘和研究，能够向世人展示曾经出现过的行业门类和工艺细节。

制骨手工业就是已经“绝灭”了的手工业门类。商代晚期是古代制骨手工业发展的一个高峰，考古工作者不仅发现了制骨作坊，而且发现了数量众多的骨器文物。骨器是个泛称，这里面既包括用动物骨骼制作的狭义的骨器，也包括角器（多用鹿的角制作而成）、牙器（如用野猪和牙獐的犬齿、象牙等制作而成）、蚌器（如用三角帆蚌、文蛤、脉红螺等软体动物的壳制作而成）等。骨器的用途多样，有用作工具的骨刻刀、骨锥、骨铲等，也有日常生活所用用具，如骨豆、骨梳、骨勺、骨针等，还有武器，多见骨镞、还有骨戈，更有以骨笄为大宗的装饰性骨器。

商代晚期制骨手工业的发展，一是得益于制作工具的进步和制作工艺的提升，如青铜锯和钻已经广泛应用于骨器制作，这就使得制作的骨器更加规整和精细；二是专业化的制骨手工业作坊能够保障大批量、规范化、程序化的制作；三是得益于畜牧业的发展，特别是养牛业可以提供充裕的牛骨用作骨料，牛骨具有良好的物理性能，尺寸大、骨体平直、硬度高，是优质的骨料来源；三是社会的需求，精美的骨器除供给王室或贵族使用外，还在市场上销售，从而通过交换的方式使制作者和拥有者获得财富。从河南安阳殷墟遗址出土的精美骨器看，当时的制骨匠人们的手艺已经相当精熟，专业的工匠阶层已经出现，他们将制骨工艺代代传承。除专业的制骨匠人外，奴隶、犯人、民夫等也会参与到制骨行业中。

这里，我参考考古工作者对于河南安阳殷墟遗址发现的制骨作坊和出土的骨器制品的研究，向小读者们讲一个关于商代晚期工匠世家里父子俩的故事。父亲叫骨丁，儿子叫小庚，父亲带着儿子开启了他的骨器制作的生涯。希望小读者们可以从故事里了解到商代晚期制骨手工业的吉光片羽。

小骨匠学艺记

时间： 3000多年前

地点： 河南安阳殷墟

距今3000多年初秋时节的一个清晨，太阳尚未升起，东方刚泛起一抹鱼肚白。圆月依然挂在天上，启明星闪亮醒目。清新的空气弥漫在田野上，轻纱般的薄雾中显露出一座高大巍峨城池的轮廓——这就是殷王城。洹河绕城而过，沿河一条小道上几行车辙痕迹清晰可见，那是昨日殷王率部从、牵黄犬、驾马车出门狩猎时留下的。一只褐马鸡被小道上匆匆而行的两人惊起，从芦苇丛中飞出又落到灌草丛里。

这两人是父子俩，父亲大约20岁的年纪，叫作骨丁，儿子大约5岁，叫作小庚。

骨丁是一位制作骨器的匠人，简称骨匠，他的父亲也是一位骨匠。他的家族从何时起开始从事制作骨器行业的，这已经无法考证了。在商代，制作骨器是家族代代相传的手艺，因此，小庚要成为一位骨匠，也便是理所当然的事情。

骨丁拉着小庚的手，向着殷王城走去，他要在太阳升起来之前，赶到他工作的大司空制骨作坊去，让小庚开始学习制作骨器的技术。

在城外，他俩经过一个屠宰场。场内几丛火把高燃，血污遍地，屠夫们正在宰杀黄牛、绵羊、山羊和猪，然后按照动物种类把肉、骨和皮分开摆放。小庚见那些屠夫拖着沉重的脚镣干活，正想问父亲为何如此，管事的士兵拿着牛皮鞭子走过来，骨丁忙拉着小庚逃也似的离开了。

走得远了，骨丁才悄声对小庚说："那些人是奴隶。我王刚打了胜仗，从西北边抓来好多战俘，年老的当场处死，年少的养养后再杀，以献给王的先祖；至于那些青壮年的，则留下来做苦力。咱们作坊里也送来一个，绑在门口的木桩上，奄奄一息的，不知道能否挺过来。"

骨丁继续给小庚介绍说："这些动物大多饲养在城外，也有从周边村落运送而来的，屠夫们赶早杀猪宰牛，肉会被送进王宫，骨和皮会被分别送到骨器作坊和皮革作坊。"

"所有的骨头都会被送到骨器作坊吗？"小庚问。

"不是的，主要是黄牛的长骨、野猪的犬齿、象牙、鹿的角、贝壳等会被送到骨器作坊，黄牛的肩胛骨和龟壳则会被送到占卜的贞人那里制作卜骨。象牙可是稀罕物，据说来自遥远的南边，要跨过长江和黄河才能到达这里。那里是一个盛产大象的地方，那里的人每年都会送大量象牙过来，有时候也会直接送象牙杯过来。前些年他们居然送来一头大象，我远远地看过，那大象长得像一座小山，两根大长牙像是两股大长戈，它的脖子上还挂了个铃铛。士兵们见到此等庞然大物，不敢靠近，倒是一道而来的驯象师骑在象背上，很是得意，我王大大地封赏了驯象师。到了冬天，我王专为大象盖了一栋房子，里面燃起熊熊大火，房内甚是温暖。可惜，有一天，看管火炉的士兵睡着了，那天又是飘着鹅毛大雪的大寒天，大象竟被活活冻死了。我王处死了看守的士兵，本来要我们取象牙做杯子，却被占卜的贞人制止了，贞人说那是先祖的亡灵想要这头大象，应该把大象送到王陵去，献祭给先祖——"

小庚沉思着，心中默叹：大象可真可怜。

"那咱们骨器作坊里的骨料都来自屠宰场吗？"小庚又忍不住问道。

"也不全是。你记得上次我王狩猎捕获到一只老虎，那个虎骨就让我们做了骨器……"

在城门附近有几间小作坊，里面的人正在忙碌着。小庚见他们用石刀、蚌刀和铜刀把新鲜的黄牛长骨两端切割掉，也有人用一根粘着砂砾的麻绳在骨头上来回拉动以切割骨头。骨丁给小庚介绍，这个工序叫作开料和备料，也就是制备用以制作骨器的骨料。

"为什么要用黄牛的长骨？为什么不用其他动物的骨骼呢？"

"我们原先是用过鹿的长骨的，但现在鹿群越来越少了。黄牛的长骨跟鹿的一样，也是平直且厚实的，并且，在我王的号令下，养牛养得多，骨料就很充足。至于猪的长骨，弯曲并且骨壁薄，并不适合制作骨器，但是野猪的獠牙倒是不错，适合用来制作牙器。"骨丁耐心地解释。

进得城来，没走几步便是大司空制骨作坊了。门口的空地上，一个战俘被绑在木桩上，满头满身的秋霜，看不出年龄来。

骨丁拉着小庚，快步走进作坊。这间作坊分内外三间。最外一间面积很小，地上满是骨粉碎屑，内有四座土台子，年纪跟小庚相仿的8位少年正在用蚌刀和砺石切削和打磨骨料。一名少年冲小庚挤挤眼，举起手里的"骨器"向他炫耀——这是一支骨笄笄杆的雏形。中间一间最大，内有十个榆木墩子，20位年轻人就着墩子正在把锥形骨器细致打磨，一位老人指导着一位年轻人在骨器上雕刻花纹，另有一位年轻人在抛光一件骨镞。

骨丁带小庚进到最里一间，这间陈设素雅，内只有两人，一位年轻人正在窗边熬制牛皮胶，一位鹤发童颜的老者坐在榆木桌前，左手拿一个笄帽，右手拿一个笄杆，他把笄杆在一小碟牛皮胶里蘸了一下，将二者插合在一起，一支精美的骨笄就此诞生——这是殷王准备赠送给王后的珍贵礼物。

这位老者正是坊主，骨丁恭谨地向他介绍了自己的儿子小庚。坊主点点头，对小庚说："以后你就是一名小骨匠了，你要勤学苦练，耐得住寂寞，而且要发挥自己的聪明才智，我相信，终有一天你会如你父亲一样，成为一名为殷王室制作骨器的优秀匠人！"

窗外，雄鸡唤醒了朝阳，殷王城内人声喧喧。小庚回到最外一间屋子，拿起手里的砺石，在父亲的指导下，开始打磨起属于自己制作的第一件骨器。那是一枚骨镞，小庚端详着它，打磨着它，砺石过处，骨粉纷飞，骨骼粗糙的表面渐渐光滑。小庚想：这骨镞一定能助殷王捕猎到最雄壮的野兽……

贝壳的馈赠——贝丘

热闹的夏天，是适合赶海的季节。

当你们提上小桶，带上耙子，在海边捡拾着各色贝壳的时候，

当你们在习习海风中品味着来自海洋的渔获美食的时候，

你们是否会想：

远古的人类是否曾在海边搜寻那隐藏在石缝沙粒之下的“虾兵蟹将”“蚌贝蛤螺”？

他们是否会捞上满满一筐之后大快朵颐？

他们是否喜欢用漂亮的贝壳装扮自己？

他们是否会在沙滩上将贝壳堆砌起来筑成城堡？

抑或，他们遗留下的贝壳堆，也就是贝丘能够揭秘他们是如何“靠海吃海”的？

要了解人类与贝类动物的关系，动物考古学者足够擅长。

贝壳，坚硬而精致，它是软体动物的城堡或铠甲，是软体动物的外骨骼。软体动物约有 10 万多种，是除节肢动物门外最大的类群。软体动物栖居在陆生或水生（咸水和淡水）环境中，又以海洋贝类数量最多。软体动物根据身体构造的不同，可分为 7 个纲，分别是单板纲、多板纲、无板纲、腹足纲、瓣鳃纲（又名双壳纲）、掘足纲和头足纲。考古遗址中最为常见的是腹足纲和瓣鳃纲动物（图 5-8 和图 5-9）。

重要的软体动物

软体动物对人类而言具有重要的价值，自古而今，软体动物有益的价值极多：

它具有食用价值。在可食用贝类的清单上，

图 5-8　广西南宁豹子头遗址出土腹足纲动物

图中数字表示：1. 方形环棱螺　2. 螺蛳　3. 光肋螺蛳　4. 塔形环棱螺　5. 磁河螺　6. 瓶环棱螺　7. 韦氏环棱螺　8. 斜口环棱螺　9. 豆螺（未订种）　10. 脊真管螺　11. 细纹钻螺　12. 肋环棱螺　13. 松迈环口螺　14. 同型巴蜗牛　15. 红齿口蜗牛　16. 多带环棱螺

图 5–9　广西南宁豹子头遗址出土瓣鳃纲动物

图中数字表示：1. 背瘤丽蚌　2. 刻纹丽蚌　3. 失衡丽蚌　4. 多瘤丽蚌　5. 环带丽蚌　6. 圆顶珠蚌　7. 丽蚌（未订种）　8. 河蚬　9. 无齿蚌（未订种）　10. 三角帆蚌

海鲜河鲜种类繁多：海产的鲍、玉螺、香螺、红螺、东风螺、泥螺、蚶、贻贝、扇贝、江珧、牡蛎、文蛤、蛤仔、蛤蜊、蛏、乌贼、枪乌贼、章鱼，淡水产的田螺、螺蛳、蚌、蚬，还有陆地栖息的蜗牛等。它们不仅肉味鲜美，而且具有很高的营养价值。

图 5-10　河南安阳殷墟遗址出土螺钿漆器（2004AGBDT0711M4:1）

它可以被制成各种工艺品。很多贝壳有独特的形状和花纹，富有光泽，绚丽多彩，是古今中外人士喜欢搜集的玩赏品。珍珠层较厚的贝壳（如蚌、马蹄螺等）是制作纽扣的原料。珍珠由珍珠蚌类动物产出，是美好的饰品。中国传统工艺中，贝雕、螺钿、镶嵌等技艺高超（图 5-10）。

它具有药用价值。鲍的壳为中药石决明，宝贝的壳为中药海巴，珍珠、乌贼骨为中药海螵蛸，还有蚶、牡蛎、文蛤、青蛤等的壳，珍珠和珍珠母等都是中药的常用药材。医学工作者还从鲍鱼、凤螺、海蜗牛、蛤、牡蛎、乌贼等动物身上提取抗生素和抗肿瘤药物。

它在农业中用途广泛。产量多的小型软体动物可以做农田肥料，从而改良酸性土壤，软体动物可以作为鱼类的饵料，也可以作为家畜、家禽、家鱼的饲料。

它可以用作建筑材料。贝壳堆积疏松，易渗水，干燥性好，其主要成分碳酸钙可用作烧石灰，是非常好的建筑材料。我们在贝丘遗址所发现的居址和墓葬位于贝类堆积之上或其中，甚至是遗址出现于贝壳堤之上的现象，可能正是原始居民对此种现象认知并加以利用的产物。

它可以制作蚌器。考古遗址中常出土蚌刀、蚌铲、蚌凿、蚌勺等，贝壳和蚌壳是

图 5-11　河南安阳殷墟妇好墓出土商王武丁时期货贝

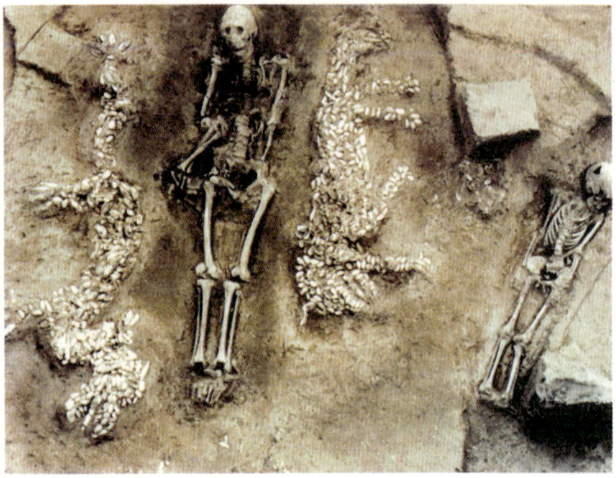

图 5-12　河南濮阳西水坡遗址出土蚌塑龙虎图案（M45）

天然的原料。

它可以用作贝币，是财富象征物。贝壳在中国古代曾作为原始货币被广泛使用，采用的主要是宝贝科动物，被称为“齿贝”“货贝”“子安贝”“宝贝”和“贝”等（图 5-11）。一项针对货贝由装饰品向货币转化的研究认为，这种转化是在夏代开始的。我国出土海贝最早的考古遗址见于中国西部腹地的新石器时代文化遗址，如青海乐都柳湾、大通上孙家寨、西藏昌都卡若等遗址，其后在商代扩展至中原、新疆、云南、江苏等地。海贝作为珍贵罕见的舶来品，多出现于墓葬之中，表明其作为财富象征物的重要价值。

它具有象征性含义。古人有时将贝壳摆放成各种各样的形状，常常具有象征性含义，并寄寓了美好的期望。如最富盛名的河南濮阳西水坡遗址 45 号墓中发现的蚌塑遗迹，该遗迹由丽蚌和矛蚌精心摆放成龙、虎等形象，表明中国传统天文体系中的四象 * 在距今 6000 年即已形成（图 5-12）。

*四象是中国乃至东亚古代天文学术语，表示天空中东、南、西、北四大星区，称东方为苍龙象，北方为玄武象，西方为白虎象，南方为朱雀象，又称四圣、四圣兽、四灵。

它能够保护考古中的遗物。贝壳分解释放出钙，使得土壤环境的碱浓度明显增加，有助于人骨、动物和植物遗存形态的保存。不过这也是一把双刃剑，钙会在很大程度上破坏骨骼内的有机质成分，从而给相关科技考古测试分析带来麻烦。

它具有地质价值。软体动物门在地质历史时期中有很多可作为指示沉积环境的指相化石。在寒武系的最底部，已有单板纲和其他软体动物化石出现，中生界的不少菊石成为洲际范围内划分、对比地层的带化石，有些软体动物还可用以了解古水域温度和含盐度等，如蜗牛化石能反映第四纪的古气候和古环境。

当然了，与我们共存的软体动物有时也会对人类造成严重的危害。

陆生的蜗牛、蛞蝓等吃植物的叶、芽，危害蔬菜、果树、烟草等。海洋中的一些肉食性软体动物能杀害牡蛎、泥蚶等的幼苗，造成蚌类养殖业的损失。一些草食性软体动物常吃海带、紫菜的幼苗，是藻类养殖的敌害。

吸虫是扁形动物门吸虫纲动物的统称，全世界均有分布，种属约有 6000 种。绝大多数吸虫是人类和动物的寄生虫病的病原。吸虫会寄生在人类和动物身上，使人类和动物日渐消瘦，直至死亡。而软体动物颇受吸虫幼虫喜爱，人类食用这类软体动物就会得吸虫病。如在淡水和陆生的软体动物中，椎实螺是肝片吸虫的中间宿主，豆螺

是华枝睾吸虫的中间宿主，扁卷螺是姜片虫的中间宿主，短沟蜷是肺吸虫的中间宿主，钉螺是日本血吸虫的中间宿主，对人类的危害十分严重。

海洋中的船蛆、海笋等是专门穿凿木材或岩石穴居的软体动物，对于海洋中的木船、木桩和海港的木、石建筑都有危害。营附着或固着生活的软体动物常大量附着在船底，影响船只的航行速度。有些附着生活的软体动物，还会堵塞水管，影响生产。

广鹿岛探寻记

无论软体动物具有种种对我们有益的功用，还是对我们有一定危害，它都与我们的生活密切相关，古人是怎样平衡这些功用与危害，开发和利用软体动物的呢？大家不妨跟随我们团队到辽宁大连广鹿岛贝丘遗址群，来一场广鹿岛探寻记吧！

2013 年 11 月，我和法国自然历史博物馆的 Anne Tresset 博士首赴辽宁大连广鹿岛开展动物考古学研究工作。这座名叫广鹿的小岛，孤悬汪洋，得名于史前岛上有非常多的鹿。我们从北京坐火车到了大连，因海上风起浪大，当天的渡轮停航，次日才得以坐上拥挤的公交车去往金石滩码头乘船。海上依然是风卷狂浪，渡轮如一片叶子般在海里颠簸了两个小时后，我们终于顺利登岛。

我们此行的目的是开展关于中国贝丘遗址和法国西南部贝丘遗址的比较研究（图

5-13）。所谓贝丘遗址，就是以贝类为主体的人类文化堆积的遗址，其形成原因除人为食用贝类之外，还包括制造蚌器（如蚌刀）、用作建筑材料（如海月做明瓦）、墓葬埋藏（如广西顶蛳山贝丘上的屈肢葬和肢解葬）等。贝丘遗址作为一类特殊的考古遗址，在全球各大洲均有发现，世界上年代最早的贝丘遗址就发现于法国，这处名为 Terra Amata 的贝丘遗址的年代为距今 30 万年。在我们中国迄今已发现了近千处贝丘遗址，就其类型而言，可分为洞穴、海滨、河岸和湖滨贝丘遗址四类，其中以海滨贝丘遗址数量最多。从旧石器时代晚期一直到距今 8000 年，中国南方地区以洞穴贝丘遗址为多见；从距今 8000 年到距今 4000 年，北起辽东、南抵海南的海岸线上分布着众多海滨贝丘遗址，湖南沅江和广西邕江两岸分布着河岸贝丘遗址；从距今 4000 年到距今 1000 年，贝丘遗址整体式微，云南滇池、洱海和三湖（抚仙湖、星云湖和杞麓湖）地区出现湖滨贝丘遗址。

2006 年以来，以中国社会科学院考古研究所贾笑冰和金英熙老师为领队的考古工作队，对广鹿岛上包括小珠山、吴家村、门后等在内的多处贝丘遗址进行了调研和发掘。这些贝丘遗址属于距今 6700 年到距今 4100 年的小珠山文化，出土的丰富的动物遗存有助于探究动物驯化的原因、动物的引入和传播、环境和海平面的变化、物种的消亡等多方面的学术问题。事实上，我们在广鹿岛上短暂停留和工作之后，已经意识到，必须用课题的形式、通过多学科合作来对上述学术问题进行研究。

图 5-13　辽宁大连广鹿岛上工作照

左起：Anne Tresset（法国自然历史博物馆）、李悦、吕鹏

2015 年 7 月，当我和同事们第二次登上此岛时，我们以动物遗存探讨史前生业的学术思路已然明朗。此次同行的老师中包括国家博物馆的安家瑗老师，她的父亲就是在国内首次对贝丘遗址进行定义的安志敏先生（其定义见《中国大百科全书 · 考古卷》）。安家瑗老师对 1961 年 8 月父亲带着她的姐姐安家瑶来大连看望她和祖母的情形记忆犹新，这次行程名曰休假探亲，其实是调查大连烈士山和小磨盘山两处贝丘遗址（安志敏：《记旅大市的两处贝丘遗址》）。这个时期全国文物普查工作的开展，使得各地区主要贝丘遗址的面貌浮出水面。20 世纪 90 年代以来，我国贝丘遗址的发现和研究进入全面发展期，最具开创性的成果就是 1999 年出版的《胶东半岛贝丘遗址环境考古》；与此同时，中国动物考古学的研究也呈现出蓬勃发展的势头，动植物遗存不再是毫无用途的“自然遗物”，它们作为特殊文物资源讲述了关于中华古代文明之生业基础的精彩故事。

动物遗存的鉴定和测试工作是艰苦而漫长的，好在广鹿岛贝丘遗址动物考古学研究的团队成员多是年轻人，个个精力充沛。时光伴着一片片破碎遗骨的鉴定、一项项测试数据的得出而流逝，而我们收获了关于小岛史前生业转化及岛上动物种群演变的认识：

广鹿岛的形成因于海平面的变化：末次冰期之后，黄渤海的海平面上升；全新世初期，海水进入渤海；距今 8500 年左右，达到现今海域范围；此后，虽有间歇性海侵和海退，甚至海侵在距今 6000—5500 年左右达到峰值，但可以肯定的是，现今广鹿岛与辽东半岛的地理格局大体形成在距今 8500 年左右。广鹿岛曾与辽东半岛相连，故形成之初，野生动植物资源与之大体相同，特别是野鹿成群，故名广鹿。

我们通过对广鹿岛上的小珠山遗址出土的动物遗存进行考古学研究发现，小珠山遗址出土的动物种属包括各种螺类、蜗牛类的腹足纲动物 14 种（图 5-14），毛蚶、扇贝、牡蛎、蛤蜊等瓣鳃纲动物 18 种（图 5-15 和图 5-16），蟹 1 种，鱼 4 种，龟 1 种，蟾蜍和蛙类 2 种，鸟类 3 种，以及包括灵长类动物、犬科动物、貉、熊、海豹、雕、狗獾、猪獾、鲸、鹿科动物、猫科动物、黄牛、啮齿动物的各类哺乳纲动物 30 种（图 5-17 和图 5-18）。如此丰富的动物资源，再加上以丘陵为主、东北部为较为开阔的平地的地形环境，土质肥沃、森林植被茂密、淡水资源充足的自然环境，为广鹿岛史前先民登岛生活奠定了良好的物质基础。

6700 年前，史前先民登陆这片处女地，为岛上大量的鹿类和海里丰富的海产品所吸引，他们在此逗留。随着人类入岛的狗在渔猎活动中发挥了重要作用，人类也将猎物与它们分享。6300 年到 5000 年前，随着人群增长，野生动物种群因为人类的猎捕而面临危机，大型鹿类在岛上绝迹。人类开始将辽东半岛上的猪运送到岛上来，并用农产品（粟和黍）的副产品来喂养它们，家猪种群数量迅速增长，人类由此也获得了一种稳定而充裕的家养动物资源，但是他们依旧能够通过渔猎的方式获取岛上及周边丰富的野生动物资源。

此外，广鹿岛也是大陆家养动物和农作物传入朝鲜半岛并进一步传播到日本列岛的重要一环。考古资料显示，朝鲜半岛上猪、狗、马、黄牛等家养动物和小米、大豆、

图 5-14　辽宁长海小珠山遗址中的腹足纲动物

图中数字表示：1. 多带环棱螺　2. 朝鲜花冠小月螺　3. 微黄镰玉螺　4. 锈凹螺　5. 扁玉螺　6. 疣荔枝螺　7. 衲螺　8. 沟纹鬘螺　9. 脉红螺　10. 嫁䗩　11. 红树拟蟹守螺　12. 螺（未订种）

图 5-15　辽宁长海小珠山遗址中的瓣鳃纲动物

图中数字表示：1. 中国蛤蜊　2. 蚬　3. 圆顶珠蚌　4. 蛤仔　5. 镜蛤　6. 魁蚶　7. 文蛤　8. 毛蚶　9. 扇贝　10. 砂海螂　11. 紫石房蛤　12. 青蛤　13. 四角蛤蜊

图 5-16 辽宁长海小珠山遗址中的瓣鳃纲动物

图中数字表示：1. 长牡蛎 2. 密鳞牡蛎 3. 牡蛎 B 4. 牡蛎 C 5. 僧帽牡蛎

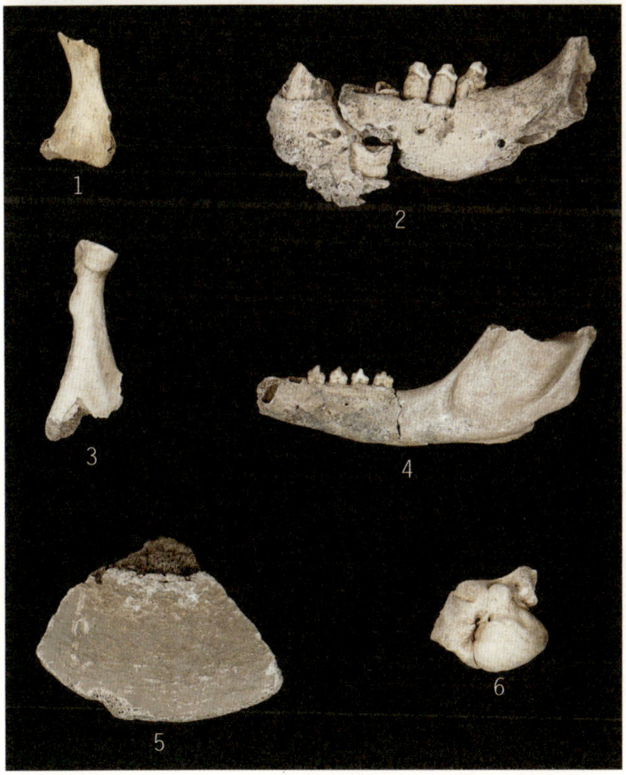

图 5-17 辽宁长海小珠山遗址中的哺乳纲动物（海洋类）

图中数字表示：1. 斑海豹 2. 北海狮 3. 斑海豹 4. 斑海豹 5. 鲸 6. 斑海豹

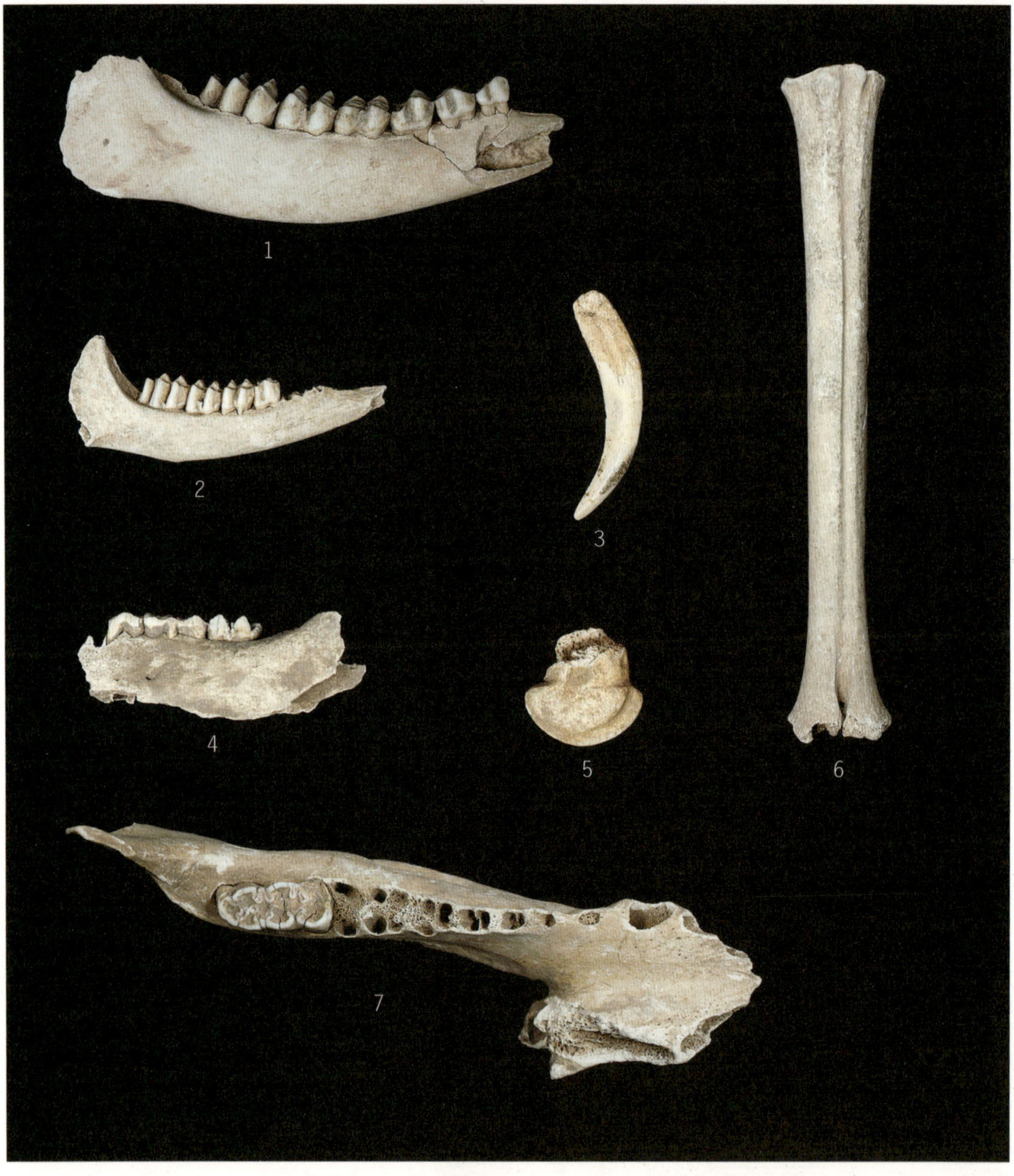

图 5-18　辽宁长海小珠山遗址中的哺乳纲动物（陆生类）

图中数字表示：1. 梅花鹿　2. 牙獐　3. 牙獐　4. 猪　5. 黄牛　6. 梅花鹿　7. 猪

水稻、小麦等农作物出现的时间都要晚于广鹿岛所在的辽东半岛地区。

广鹿岛贝丘遗址群为我们探讨在特定的空间范围内，人类的生活对大自然的环境变迁产生的深刻影响、家养动物的传入对野生动物资源造成的剧烈变化提供了一个很好的例子，它看似是特例，却以独特的视角引发我们关于人与自然、家养动物起源和传播的思考，这大概就是动物考古学“透物见人”的真正主旨所在吧。

在广鹿岛探寻的一个夜晚，我带着这样的思考刚刚入眠，便见一只梅花鹿从郁郁葱葱的丛林中向我走来——

我是这座岛上的一只梅花鹿，这座岛上有我的家。岛太小，我一天可以沿岛跑十圈，我的父亲是这岛上的王，他乐得放纵我。天气晴好的时候，能望到对面的大陆，他对我说：我们的故乡就在那里！我们这座岛原本和大陆连在一起，我们与大陆上的鹿群是骨肉血亲，几千年来，海平面逐步上升，终于有一天，这座岛被海水从大陆隔离开来，而我们这支鹿的家族，就这样与大陆上的鹿群分离，孤落在这小岛上。

这座岛，原本野鹿成群，岛上除了我们梅花鹿家族，还有马鹿、狍和獐等鹿类族群，所以，它就叫作广鹿岛。离此不远的另一处岛，遍布牙獐，就叫作獐子岛。但是现在，我们这座岛有了新的名字：猪岛。这一切，都源于人类的登陆。

人类到来时，带着弓箭，还带着狗。他们人数不多，最初露营在靠近月亮湾的海边。岛上鹿群遍野，海边鱼蚌丰盈，他们猎鹿、捞贝、捕鱼，生活得很是惬意。

过了几年，他们人数多了起来，开始向岛内进驻。火，烧秃了整座岛，狗，围捕奔逃的鹿。我们鹿群的数量开始急剧减少，直到马鹿家族从岛上消失。

有一天，他们把猪用船带进岛来，开始养猪、吃猪肉，对我们鹿群的狩猎活动似乎减少了很多。但是，鹿群的长老说：这只是暂时的，我们鹿群终会遭遇灭

顶之灾。

果然，人类的数量更多了，他们占据了整座小岛。猪肉不够吃，他们重新拿起弓箭。我亲眼见我的父母姐妹倒在利箭之下，一个个离我而去。

我，是只梅花鹿，是这座岛上最后一只梅花鹿。我能听见远处猎狗的狂吠，我能听到利箭划破夜空的尖啸。我奔逃到海边，奔逃到人类登陆这座岛屿的第一站——月亮湾。大海苍茫，无路可逃。追兵逼近，生死只在一瞬。月亮湾因月得名，清冷月光洒落水面。我一步步走向海水，似乎听到呦呦鹿鸣……

2018 年 7 月，我带着年轻的学生们再次登岛，这颗大海中的“明珠”已成为度假的天堂。傍晚，我们从岛屿考古工作站出发步行到月亮湾，欢乐的人们在海里游泳、在岸边吃着各色海鲜、在大舞台观赏表演——海产养殖和海滨旅游已成为这座美丽小岛的特色经济。

薄雾弥漫在黄海的海面上，一轮明月挂在天空，“忽闻海上有仙山，山在虚无缥渺间”，通过一代代考古工作者“上穷碧落下黄泉”的坚守，我们所挖掘和讲述的中国故事必定会照耀在当今追梦的路上。

知识链接

世界上有哪些人类将家养动物引入岛屿的典型事例？

世界范围内动物（被捕获的动物或家养动物）被人类引入岛屿的例证很多：文献记载中的最早例证见于距今 19000—10000 年，人类将袋貂（*Phalanger orientalis*）引入到美拉尼西亚的新爱尔兰，这种动物可能来自新不列颠岛；另一种有袋动物——黑袋鼠（*Thylogale brunii*）也在距今 7000 年被引入到新爱尔兰，它也可能源于新不列颠岛；家犬和家猪在距今 3000—2000 年被引入到新爱尔兰，可能有两种老鼠（*Ratty exulans* 和 *R.p raetor*）也同时被引入了；马鹿被带入苏格兰岛、爱尔兰岛和科西嘉岛附属岛屿。家养动物不借助人类帮助是不可能到达岛屿的，因此，将家养动物运输到边界清晰的岛屿上的行为是很容易辨识的：某一物种在古生物学记录中的缺失，或者在考古遗址中的突然出现，可能说明人类对该种动物（无论是整个个体还是身体部位）的引进。

万物生长的困境

自古至今，人类与动物的关系非常密切却又显得相当沉重。人类、动物与环境该如何和谐相处，将是一个永恒而紧迫的话题。

动物考古的梦想是星辰大海、鸟兽生灵，但是动物考古确是一门“高”“精”且“稀缺”的学问。

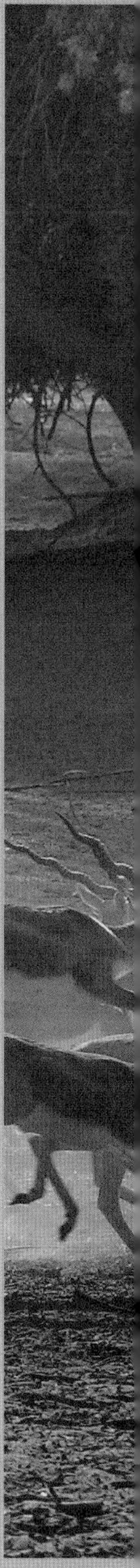

当死神降临到一只动物身上，
这个物种已经在生存战争中吃了太多败仗。
在生态学意义上，
它已是奄奄一息。
所有的因素，
包括纯粹的运气，
都在与它作对。
命运如同马桶里的水，
冲泄而下。

——[美]大卫·奎曼（David Quammen）

英国作家乔治·奥威尔的《动物农庄》里有这么一句话："人是一种最可怜的家伙，什么都产不了，只会挥霍。他产不了奶，也下不了蛋，瘦弱得拉不动犁，跑起来也是慢吞吞的，连个兔子都逮不住。可那家伙却是所有动物的主宰。"动物，从衣、食、住、行、用等各个方面保障了人类的生存，推动了人类文明的发展，丰富了人类文化的繁盛，当然，动物也会反作用于人类社会的发展。总之，动物在很大程度上改变了人类社会的进程，而人类对动物的利用也极尽能事，有的动物因此种群兴旺，而有的动物因此濒临危机甚至消亡。

生物大灭绝

所谓生物大灭绝，是指在较短地质历史时期（通常少于 100 万年）内，因环境巨变、生态系统恶化而使全球生物遭受重创、大部分物种惨遭淘汰的一种结局。

地球自距今 5.4 亿年寒武纪生物大爆发以来，已先后发生过 5 次生物大灭绝。第一次发生在距今 4.4 亿年的奥陶纪末期，第二次发生在距今 3.75 亿年的晚泥盆世早期，第三次发生在距今 2.5 亿年的二叠纪末期，第四次发生在距今 2.08 亿年的三叠纪末期，第五次发生在距今 6500 万年的白垩纪末期。这 5 次生物大灭绝的原因在于陨石撞地球、冰川事件、海平面变化、火山活动等全球性的气候和环境巨变（图 6-1）。

人类目前正处于第 6 次生物大灭绝之中。前 5 次生物大灭绝确实与人类无关，因为当时还没出现人类。但第 6 次生物大灭绝，人类主导了整个过程。这次生物大灭绝影响深远，不管是低等动物，还是高等动物，全逃不了人类带给它们的危害。现在能与人类抗衡的，恐怕只有病毒和细菌了。这次生物大灭绝的速度惊人，已有物种灭绝的速度比新物种的出现快 100 万倍，而且现今生物已进化到很高的高度了，新的物种极难出现，以致此次大灭绝很可能使地球上的生物物种消失殆尽。

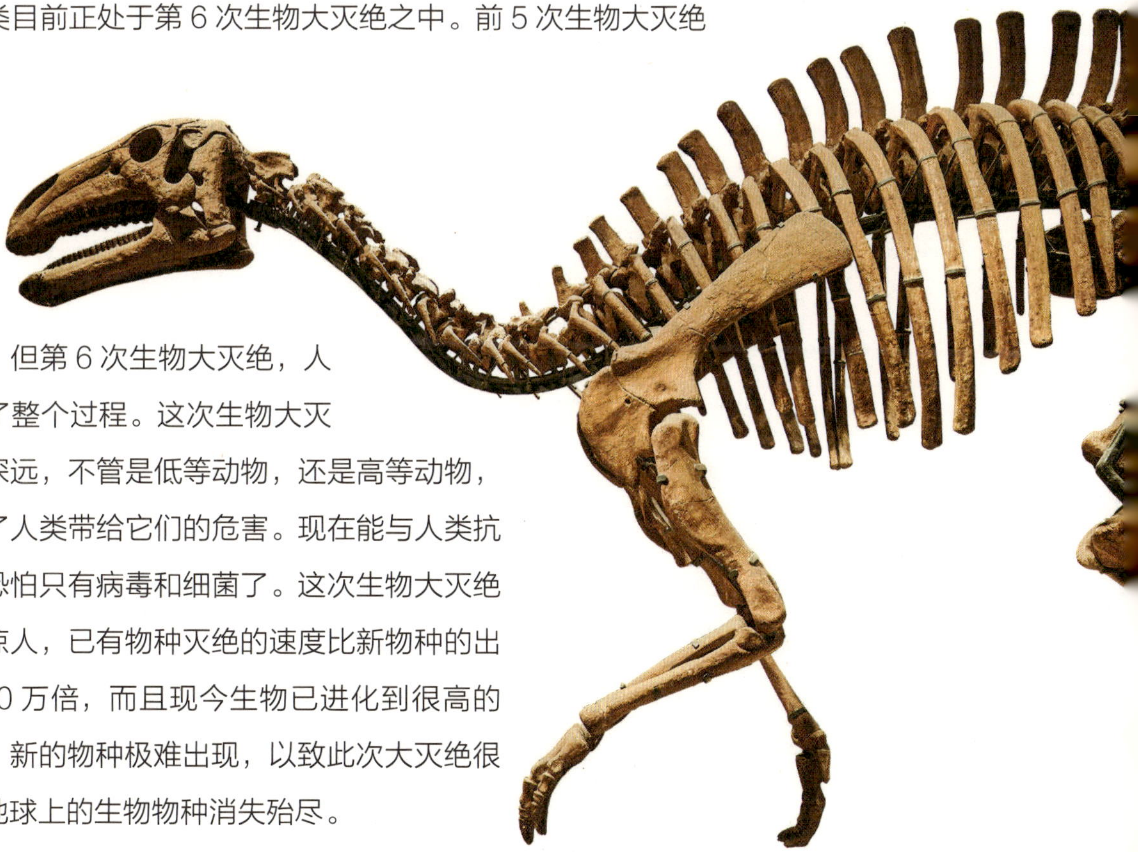

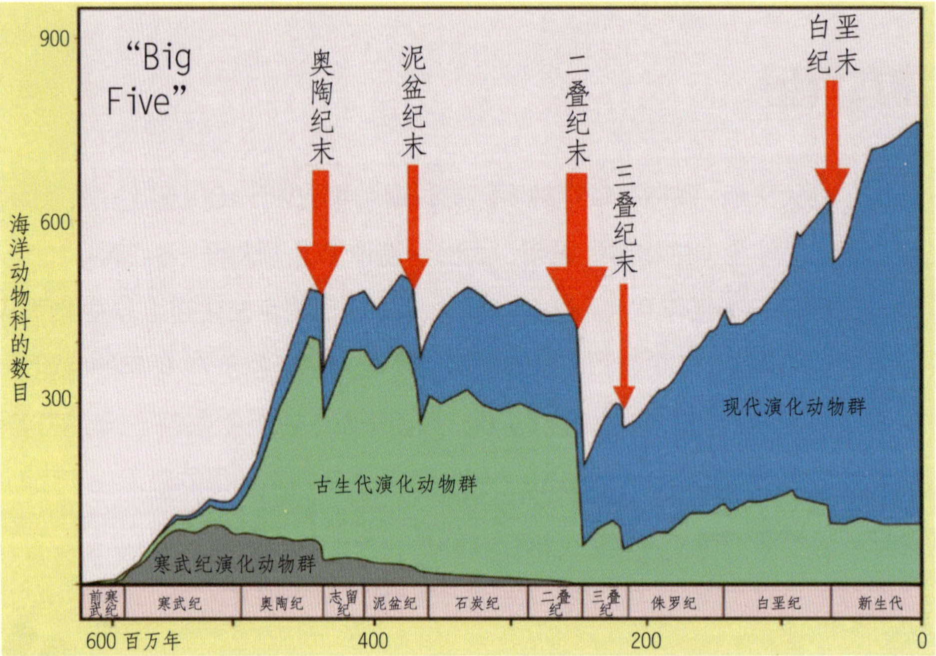

图 6-1　显生宙（距今约 5.41 亿年以来）五次重大生物集群灭绝事件

在非常小的时空范围之内，人类是感受不到大灭绝事件带来的危害的，就像温水煮青蛙一样，但对于动辄以千年、万年为时间尺度的考古学者而言，这样的例证不胜枚举。

有史以来，动物一直饱受人类的围追堵截，人类的过度捕捞、对野生动物栖居环境的破坏是造成动物灭绝的主要原因之一。现在，在所有已知的哺乳类动物中，大约 25% 在某种程度上受到明显的威胁，这个比例是濒危鸟类动物的 2 倍。

动物灭绝的例子在考古记录中比比皆是。在整个石器时代，欧亚大陆灭绝的动物就包括洞熊、最后斑鬣狗、东方剑齿象、猛犸象、巨貘、披毛犀、大角鹿等，它们从地球上彻底消失，只留下动物遗存让人反思和感怀。

生物灭绝最为经典的例子就是渡渡鸟。美国幽默作家威尔 · 柯皮曾就此感言：“渡渡鸟半点机会也没有。它似乎被创造出来的唯一目的就是走向灭绝，而这就是它唯一擅长做的事。”渡渡鸟的祖先飞到印度洋毛里求斯岛，在没有天敌的情况下，它的体

知识链接

在第5次生物大灭绝中灭绝的恐龙还有后代吗？

要回答这个问题，我们首先来谈一下鸟类起源的问题。鸟类起源的研究可以早到19世纪60年代初，1861年，在德国巴伐利亚省苏伦霍芬地区的同一个石灰岩地层中发现了10件完整程度不同的化石标本，这就是始祖鸟化石，始祖鸟的发现是国际古生物学研究历史上的一件大事，它提供了连接爬行动物和现生鸟类的关键证据，为进化论提供了最直接的支持。

古生物学家根据化石标本对始祖鸟的形态进行了复原：始祖鸟出现于大约1.5亿年前的侏罗纪晚期，个体大小跟现生乌鸦比较接近，能够简单飞行，翼展长度约45厘米，体长与成年人脚的长度接近，重量为311—510克。1870年，英国著名进化生物学家托马斯·赫胥黎提出了鸟类动物起源于爬行动物当中的恐龙的假说。中国辽西地区发现的中华龙鸟、原始祖鸟、尾羽鸟等珍稀化石，越来越多地向世人说明：现代的鸟类就是恐龙的后代，就是现生的长着羽毛的"恐龙"。现在，鸟类动物是生物中非常繁荣昌盛的大家族，是从爬行动物中发展而来的最为成功的类群。

型越来越大并失去了飞行的能力。16世纪以来，葡萄牙人和荷兰人进入该岛，他们一手造成了渡渡鸟的灭绝。渡渡鸟的肉实在太难吃了，因此其灭绝的原因并非人类猎杀渡渡鸟为食，而是人类带来了猪、狗、猫、老鼠、猴子等动物，对岛屿脆弱的生态系统造成了严重的影响：一方面这些动物捕食幼鸟和鸟蛋，另一方面人类发展农业砍伐森林导致渡渡鸟栖息地缩减。最终，渡渡鸟于1681年灭绝（图6-2）。

图6-2　渡渡鸟骨骼

我所关注和研究的牛类动物也存在这种生存与灭绝的悖论。

野牛曾是考古出土物中最为常见的大型哺乳动物，它们是远古先民重要的狩猎对象和肉食及物资来源，进入新石器时代以来，它们数量急剧减少甚至消亡。

原牛是家养黄牛的野生祖先，是一种野牛，曾广泛分布于欧洲、亚洲和北非。原牛在中国境内灭绝的时间可能是青铜时代早期。距今 3900 年左右的山西绛县周家庄遗址的先民们仍然使用原牛的肩胛骨制作卜骨，古 DNA 的研究表明当时原牛、野生水牛和家养黄牛种群共存，并且野生原牛与家养黄牛种群发生过杂交。1627 年，在波兰，最后一头有记录的原牛死掉了，它是一头母牛。原牛，这种在地球上生存了约 200 万年的野生动物就这样灭绝了。

还有一种灭绝的牛科动物是圣水牛。圣水牛名称的由来很有意思，1925 年，英国古生物学家胡步伍 (A. T. Hopwood) 在河南安阳全新世地层中发现了一种水牛，因为它的角心非常像西方人传言中的魔鬼，所以胡步伍就将它的种名取为“Mephistopheles”，也就是歌德所著《浮士德》中的长角魔鬼梅菲斯特。其后，法国古生物学家德日进 (Pierre Teilhard de Chardin) 和我国古生物学家杨钟健把河南安阳殷墟遗址出土这种水牛的种名翻译成“圣”，故称“圣水牛”。圣水牛因角得名，角心特征非常明显。角心非常短且粗壮，角心横截面为等腰三角形，前边与上边较平，下边微微向下凸出，两个角向后撇，稍微向后弯转。(图 6-3)

圣水牛是我国目前所知的唯一起源于全新世而又灭绝的大型哺乳动物。据中国科学技术大学王娟等学者研究，圣水牛在距今 8000—3000 年的中国南北方皆有分布，是野生牛类动物，对中国现生家养水牛没有基因贡献。它在东周时彻底灭绝，灭绝的原因一方面是气候，两周相交之际中原地区气候转冷；另一方面是商族人对它们进行了过度捕杀并对其栖居环境造成了破坏。

圣水牛长什么样子? 除了圣水牛遗存，甲骨文中还有“兕”字 (图 6-4)，研究者认为该字很可能就是指圣水牛，而并非犀牛，该字形突出了圣水牛角的特征。圣水牛的形象由河南安阳殷墟遗址花园庄东地 M54(即亚长墓，该墓葬的年代为距今

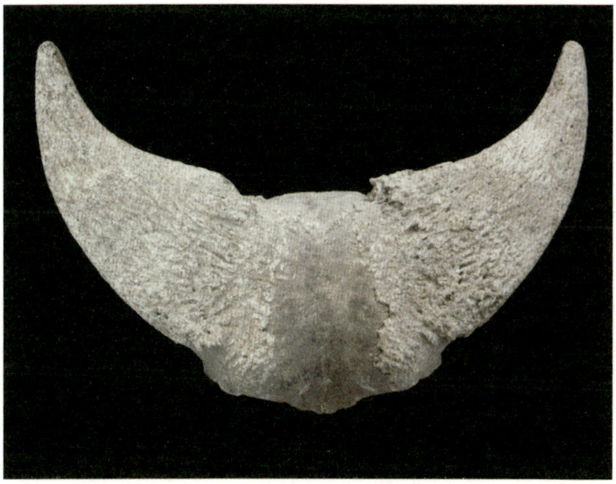

图 6–3　圣水牛角

《殷契粹编》（第九四一片）
中的“咒”字

《甲骨文合集》（33375）中的“咒”字

图 6–4　甲骨文中的“咒”字

图 6-5　河南安阳殷墟出土牛尊（M54）

该牛尊带盖高 22.5 厘米，通长 40 厘米，腰围 52.5 厘米，质量 7.1 千克。尊为祭礼酒器。根据铭文，该牛尊属于商王朝“长”族首领——亚长。牛尊身上布满动物纹饰，下颌下部饰有小型鱼纹，耳下饰小鸟纹，颈两侧饰倒立夔龙纹，颈上部饰饕餮纹，前腿上部至后腿臀部饰虎纹，虎头位于前腿处，虎尾位于臀部，臀后尾两边各饰一夔龙纹，器盖上饰对夔组成的饕餮纹，牛脖下及器盖内壁有铭文。牛尊呈现了圣水牛的形象，铭文记载商王田猎时捕获一种野生动物“兕”，根据字形及殷墟遗址出土动物遗存，该“兕”可能为圣水牛。

3200—3140 年）出土的一件青铜水牛尊得以重现：它的体态浑圆，头部面额下凹，鼻梁突起，双耳外展，短角向后延伸，角的横截面呈三角形，背部微凹，四足短粗有力（图 6-5）。

现在，家养牛的数量有 15 亿头，但世上再无野生的原牛和圣水牛了，野牛也处于易危和近危状态（《世界自然保护联盟濒危物种红色名录》）。当我们面对冰冷的青铜牛尊、圣水牛和原牛遗存的时候，不禁陷入沉思：同为地球生灵，我们该如何善待我们的野生动物朋友们！

“生存还是死亡，这是一个问题”，野生动物面临绝境，它们中的某些个体不得不走上“自我驯化”之路。2020 年，英国进化生物学家凯文 · 帕森斯通过测量和比较伦敦城市和乡村的 111 件赤狐头骨形态，发现城市赤狐的吻部变短变宽，大脑变小，雌性和雄性赤狐头骨更为接近。这种野生动物“驯化综合征”的出现可能因为城市赤狐需要克服对人类的恐惧，以人类垃圾为食，因此“自我驯化”出适合取食垃圾桶里食物的形态特征：宽短的吻部便于借助嗅觉发现食物残渣，强有力的下颌有助于咬碎食物，变小的头部便于把头探到垃圾桶深处。我们对河南荥阳青台遗址出土动物遗存进行食性分析，发现少数鹿跟家养动物一样，食用了大量的小米副产品，但鹿为野生动物无疑。这种现象表明在距今 5300 年仰韶文化中晚期的中原地区，某些野生动物已被迫游走于人类聚落周边，苟延残喘。

和谐共生

自古至今，人类与动物的关系非常密切却又显得相当沉重。一方面，动物驯化及史前畜牧业的发展，保证了人类获得充裕的动物资源，但由此带来的分配不均和传染病等问题又反噬人类社会的肌体。另一方面，野生动物家园受损，深受渔猎之苦，陷入濒临灭绝的境地，它们中的某些个体不得不铤而走险，潜伏于人类社会进行“自我驯化”。

在当代钢筋水泥森林里，人类的记忆里依旧存在着桃花源，那里风景旖旎、花草繁茂、鸟兽欢腾。在地球这颗蓝色星球上，人类、动物与环境该如何和谐相处，这将是一个永恒而紧迫的话题。

亲爱的小读者们，让我们一起来看看地球妈妈的心愿吧！

地球妈妈的心愿

时间： 现在

地点： 地球

人类，没有禽鸟的羽翼，也没有野兽的尖齿利爪，甚至连躲避天敌的能力都很弱。在弱肉强食的自然法则面前，他们是那么的弱小无助。人类是地球妈妈的孩子，所以，她很担心人类是否能够存活下来。

好在人类会发明和使用工具，他们拿起石器、举起木棒、布下陷阱——采用采集和狩猎的方式来获取生存所需的物资。当看到人类的足迹已遍布各个大陆时，地球妈妈松了一口气，她觉得人类不但能够生存下去，并且会生存得很好！于是，她放心地沉沉睡去，一睡就是 200 万年。

距今 1 万年前，地球妈妈醒来时，她欣喜地看到人类开始了“新的游戏”。人类把种子播撒在田地里，把牲畜圈养在围栏里。人类开疆拓土，森林变成了农田，不毛之地焕发生机。野生动物减少了，但家养动物多了，人类获得了稳定且充裕的动物资源，不再四处奔波以觅食。“绿树村边合，青山郭外斜”，大地上散落着人类住所，一片欣欣向荣的景象。人类种植庄稼，用秸秆喂养家畜，又用家畜的粪便来肥田，田地肥沃了，长出来更多的庄稼，庄稼养活了更多的人口。人类开始定居，开始建造一个个村落，然后是一处处聚落、一座座城池，甚至是一个个国家。他们的智慧日益积累，文学、艺术、技术、科学的知识在人群中传播、在世代里传承。尽管有战争，有杀戮，有疾病，但人类与环境之间相安无事，地球妈妈无私地用各种资源来供养人类。

地球妈妈欣慰地看到了人类的成长，于是她再次沉沉睡去。

距今 200 年，地球妈妈突然被噪声惊醒，她吃惊地看着自己，发现自己已经伤痕累累、面目全非。

在天空，臭氧空洞越来越大，紫外线肆意地侵蚀着人类的肌肤，台风和沙尘暴盘旋而上，气候越发恶劣，暴冷暴热的极端天气日渐增多。

在海洋，捕鲸船后划出一道血痕，白色污染物填满了海龟的肠胃，珊瑚礁白化，冰川融化，海面上涨，海啸逼近一座座海滨城市，核污染物被排放入大海，受污染的海水中孕育着变异怪兽。

在陆地，高楼大厦取代了森林树木，它们深深地扎入地球妈妈的身体；工厂里的烟囱黑烟滚滚，地球妈妈的视线越发模糊；河流就是地球妈妈的血管，它们或者干涸或者阻塞或者污染；牧场上满是牛羊，曾经肥沃的田地因为过度开发和化肥的无节制使用而贫瘠退化；地壳的平衡被打破，地震和火山频发；废弃的厂矿如同一道道难以愈合的伤口，资源枯竭难以逆转；垃圾场包围了城市，人口数量激增，飞禽走兽难觅踪迹……

在地球这个舞台上，曾经有无数的生物在此起源、繁衍和消亡，但没有哪一种生物像人类一样有着高等智慧，他们智慧地开发着地球妈妈赋予的资源，却又失去本心，毫无节制地要把资源开发殆尽。

地球妈妈造就了人类，她对于人类寄予厚望，可是面前的一切让她失望透顶。

无非是重启一下地球模式吧，消亡之后才能重生，地球妈妈痛苦地想着。

正在此时，她发现地球某些地方的状况正在好转，那里重新水草丰美、鸟兽欢鸣，人类停止了污染、破坏环境的行为，将保护地球、人类与环境和谐相处的理念付诸行动。

地球妈妈慢慢停下了按向重启键的双手，她决定再等等，看人类能否迷途知返、善待万物。

人类是智慧的，他们一定能够重新找到与环境和谐相处的办法，地球妈妈这么想着，这是一位母亲对儿女的心愿。她决定不再睡去，她要看着人类如何拯救自己。

动物考古的希冀

动物与人类相伴同行，走过了漫长的历史岁月。

动物考古学者通过研究一件件破碎的动物遗存，抽丝剥茧，运用科技手段，探源动物演化，追溯家养动物起源，记录人类与动物在过去路途上留下的印迹，揭示人类与动物之间千丝万缕的关系。

动物与人类相伴同行，需要从现在开始，着手规划有希望的未来。

人类与动物共享这颗蓝色星球，直面第六次生物大灭绝，人类将何去何从？动物考古学从动物遗存中探求答案，知古鉴今。人类、动物与环境和谐相处，保护生物多样性，这可能是我们走向未来的必由之路。

动物考古的梦想是星辰大海、鸟兽生灵，但是动物考古确是一门“高”“精”且“稀缺”的学问。

所谓“高”，就是动物考古学者的学历高。目前，国内从事专业动物考古研究的科研人员的学历基本都是硕士和博士，全国能够进行动物考古研究生培养的高校院所仅有10余家，其中包括中国社会科学院大学、中国科学院古脊椎动物与古人类研究所、北京大学、山东大学、吉林大学、复旦大学、上海大学、西北大学、郑州大学、河南大学、首都师范大学、重庆师范大学、河北师范大学、辽宁师范大学等。

所谓“精”，就是动物考古是一门复合型学问。要从事动物考古研究工作，除了具备扎实的考古学知识，还需要对动物学知识有深入的研究，包括动物骨骼形态学、

动物解剖学、动物生态学、动物地理学、动物分类学、动物畜牧学等。此外，还要了解适用于生物遗存的科技考古测试和分析方法，如碳十四年代学、同位素分析、古 DNA 研究等。为了开阔视野，更好地开展相关研究工作，还需要涉猎农学史、民族学、宗教学、民俗学等相关学科的研究。

所谓“稀缺”，就是动物考古专业研究人员非常少。20 世纪 90 年代后期，中国社会科学院考古研究所袁靖先生学成回国，信心满满要振兴中国动物考古学。当参加国际动物考古学会 (ICAZ) 学术会议时，他发现会场上基本上全是欧美国家动物考古学者的身影，他们人数多、专业程度高，把控着国际动物考古学的发言权。当他被这些欧美学者问及在有着悠久历史的中国，从事动物考古研究的学者有多少位时，袁靖先生认真数了数，发现不到 10 位。近 30 年来，在以袁靖先生为代表的一批动物考古学者的引领、培养和推动下，中国动物考古学研究有了长足的发展。目前国内从事动物考古研究的学者近百人，他们就职于国内 30 余家高校院所，为推动中国动物考古学科发展贡献着各自的力量。今后，在中国考古学会动物考古专业委员会 (2014 年成立) 和国家文物局动植物考古重点科研基地 (2010 年成立) 的学科引领下，在诸位动物考古学者的共同努力下，中国动物考古所讲述的中国故事必将在世界舞台荣耀绽放!

各位亲爱的青少年朋友们，在繁荣昌盛、和平发展的当代中国，任何学问都有用武之地，各行各业都能报效祖国，每个人都能实现梦想。如果你有志于考古，希望破解人类与动物的古代密码，请你现在就开始努力。在不久的将来，中国动物考古的大门将会为你打开，我们的学术研究将会因为你的加入而更加多元且精彩!

附　录

中国动物考古遗址之最

中国先民驯化动物已历万年。在没有任何历史文献可供参考的漫长岁月里，中国先民是如何一步步驯化动物并为我所用的呢？动物考古又是如何化解历史文献当中语焉不详或者以讹传讹之处的呢？关键之处就在于，动物考古学者掌握着核心证据——动物遗存。

动物考古学者凭借对考古遗址出土的一件件动物遗存的鉴定、研究和科技考古的测试，最终构建起鲜活的人类驯化和利用动物的历史。

在此，我按照文化演进的先后顺序，依据动物考古最新研究成果，选取本书涉及的、处于中国先民获取和利用动物资源重要时间节点的20处关键性遗址展示如下，以期青少年朋友们能够了解到中国先民与动物相伴的简要历史。

河北保定南庄头遗址

距今10500—9700年，出土中国最早家狗遗存的遗址。

广西邕宁顶蛳山遗址

距今10000—6000年，典型河岸型贝丘遗址，人类大量食用淡水贝类和螺类动物的考古遗址。

河南舞阳贾湖遗址

距今9000—7800年，出土中国最早家猪遗存的遗址，出土最早祭牲（猪牲和狗牲）的遗址，最早用龟和石子、叉形骨器等进行占卜的遗址，最早用鹤的尺骨制作骨笛（中国最古老的乐器）的遗址，是否已经开始人工养鱼存在争议。

浙江余姚田螺山遗址

距今7000—5500年，出土中国最早家鹅遗存的遗址。

陕西西安姜寨遗址

距今6800—6300年，出土中国最早猪圈遗存的遗址之一。

陕西西安半坡遗址

距今6800—6300年，出土中国最早猪圈遗存的遗址之一。

河南邓州八里岗遗址

距今6800—5600年，出土最早人为控制家猪种群性别结构（有可能是出现了阉割技术）的遗址。

辽宁长海小珠山遗址

距今6500—4500年，典型岛屿型贝丘遗址，研究新石器时代动物迁移和灭绝的典型遗址之一。

吉林大安后套木嘎遗址

距今5500—5000年，出土中国最早家养黄牛遗存的遗址之一。

青海民和喇家遗址

出土中国最早家养绵羊遗存的遗址之一（距今5500—5000年），研究养猪业向养羊业的转化（距今4500—4000年）、探讨游牧业形成的关键遗址，发现世界上最早面条实物考古遗存的遗址，被称为“东方庞贝”。

甘肃武山傅家门遗址

距今5800年，出土中国最早卜骨遗存的遗址，卜骨由黄牛、猪和羊的肩胛骨或盆骨制成。

河南柘城山台寺遗址

距今4200—3900年，中国最早用黄牛作为祭牲的考古遗址之一，中国新石器时代单次使用黄牛祭牲量最多(9头牛)的遗址。

山西襄汾陶寺遗址

距今4300—3900年，中国最早开始剪羊毛的遗址之一。

河南淮阳平粮台遗址

距今4200年，出土中国最早双轮车车辙遗迹的遗址。

内蒙古赤峰大山前遗址

距今4000—3500年，出土中国最早家马遗存的遗址之一。

新疆罗布泊北古墓沟墓地

距今3800年，出土中国最早酸奶遗存的遗址。

新疆罗布泊地区小河墓地

距今4000—3500年，出土中国最早开菲尔奶酪遗存的遗址。

河南安阳殷墟遗址

距今3300—3050年，出土中国最早马坑和车马坑的遗址之一，出土最早家鸡遗存的遗址，最早“六畜”齐备的遗址，牛牲使用总量最多的遗址，占卜鼎盛期的遗址，骨器手工业高度专业化和鼎盛期的遗址，出土展现圣水牛形象的青铜牛尊的遗址。

河南偃师二里头遗址

距今3800—3500年，出土黄河中下游地区最早家养山羊的遗址，最早出现制骨作坊的遗址之一。

陕西西安秦始皇陵（陪葬坑）

距今2250—2200年，出土阉割马实物证据的遗址。

图片来源

图 1–1、图 1–2、图 1–11、图 2–14、图 5–8、图 5–9、图 6–3：中国社会科学院考古研究所收藏标本，吕鹏拍照

图 1–3、图 3–1、图 3–6、图 3–18、图 3–21、图 3–23：宁夏文物考古研究所侯富任绘制，吕鹏改绘

图 1–4、图 2–3、图 2–8、图 3–2、图 3–7、图 3–19、图 3–22、图 3–24、图 3–30、图 3–31：吕鹏绘制

图 1–5：吕鹏扫描

图 4–5、图 5–3：郑州市文物考古研究院供图

图 1–6、图 1–9、图 1–10、图 3–26、图 5–7、图 5–10：何毓灵、李志鹏主编：《殷墟出土骨角牙蚌器》，北京：社会科学文献出版社，2018 年

图 1–7：山东文物管理处、济南市博物馆编：《大汶口：新石器时代墓葬发掘报告》，北京：文物出版社，1974 年

图 1–8：甘肃省文物队、甘肃省博物馆、嘉峪关市文物管理所：《嘉峪关壁画墓发掘报告》，北京：文物出版社，1985 年

图 1–12：刘瑞供图

图 1–13、图 5–14 至图 5–18：吕鹏拍照、绘制

图 1–14、图 1–16、图 1–17：陈耀星、王子旭：《猪解剖学与组织学彩色图谱》，北京：北京科学技术出版社，2018 年

图 1–15、图 1–19、图 1–20、图 1–22 至图 1–27、图 1–29 至图 1–39、图 3–4：中国社会科学院考古研究所收藏标本，王家辉拍照

图 1–18：图片来自网络，网址：https：//www.163.com/dy/article/GB41K4JS0552943C.html

图 1–21：刘歆益、赵志军、刘国祥：《中国兴隆沟》，内蒙古红山文化学会、赤峰学院红山文化研究院编：《红山文化研究（第六辑）科技考古专号》，北京：文物出版社，2019 年

图 1–28：中国社会科学院考古研究所收藏标本，刘方绘制，吕鹏改绘

图 2–1：何毓灵拍照

图 2–2：张旭拍照

图 2–4：金英熙供图

图 2–5：刘勇供图

图 2–7：赵春燕供图

图 2–9：李淼绘制

图 2–10：河南省文物考古研究院侯彦峰供图

图 2–11：袁靖供图

图 2–6、图 2–12：吕鹏拍照

图 2–13：[瑞士] 伊丽莎白·施密德著，李天元译：《动物骨骼图谱》，北京：中国地质大学出版社，1992 年

图 2–15：中国社会科学院考古研究所、广西壮族自治区文物工作队、桂林甑皮岩遗址博物馆、桂林市文物工作队编：《桂林甑皮岩》，北京：文物出版社，2003 年

图 3–3、图 3–9、图 3–25：中国社会科学院考古研究所收藏标本，张亚斌拍照

图 3–8：王伟华拍照

图 3–10 至图 3–12、图 4–1 至图 4–3、图 4–12：河南省文物考古研究所编著：《舞阳贾湖》，北京：科学出版社，1999 年

图 3–13：上图来源：上海博物馆编：《晋国奇珍——晋侯墓地出土文物精品》，上海：上海人民美术出版社，2002 年；下图来源：中国青铜器全集编辑委员会编：《中国青铜器全集 04 商》，北京：文物出版社，1998 年

图 3–14：半坡博物馆、陕西省考古研究所、临潼县博物馆：《姜寨——新石器时代遗址发掘报告》，北京：文物出版社，1988 年

图 3–15：中国科学考古研究所、陕西省西安半坡博物馆编：《西安半坡：原始氏族公社聚落遗址》，北京：文物出版社，1963 年

图 3–16、图 3–33、图 4–7：郭沫若主编：《甲骨文合集》，北京：中华书局，1980—1983 年

图 3–17：[英] 查尔斯·达尔文著，叶笃庄、方宗熙译：《动物和植物在家养下的变异》，北京：北京大学出版社，2014 年

图 3–20、图 5–4、图 5–5：中国社会科学院考古研究所：《二里头（1999~2006）》，北京：文物出版社，2014 年

图 3–27：刘士莪编著：《老牛坡》，西安：陕西人民出版社，2002 年

图 3–28：中国社会科学院考古研究所编著：《滕州前掌大墓地》，北京：文物出版社，2005 年

图 3–29、图 4–9、图 4–10：袁靖：《中国动物考古学》，北京：文物出版社，2015 年

图 3–32：侯连海：《记安阳殷墟早期的鸟类》，《考古》1989 年第 10 期

图 3–34：四川省文物考古研究所编：《三星堆祭祀坑》，北京：文物出版社，1999 年

图 4–4：张长寿、张光直：《河南商丘地区殷商文明调查发掘初步报告》，《考古》1997 年第 4 期

图 4–6：河南省文物考古研究所、郑州大学文博学院考古系、南开大学历史系博物馆学专业：《1995 年郑州小双桥遗址的发掘》，《华夏考古》1996 年第 3 期

图 4–13：中国考古博物馆展品，吕鹏拍照

图 4–14、图 4–15、图 6–5：何毓灵：《亚长之谜：殷墟贵族人骨的秘密》，昆明：云南人民出版社，2021 年

图 5–2：浙江省文物考古研究所：《河姆渡——新石器时代遗址考古发掘报告》，北京：文物出版社，2003 年

图 5–6：中国社会科学院考古研究所编：《安阳大司空：2004 年发掘报告》，北京：文物出版社，2014 年

图 5–12：河南省文物考古研究所、濮阳市文物保护管理所：《濮阳西水坡》，郑州：中州古籍出版社，2012 年

图 5–13：吕鹏供图

图 6–1：冯伟民：《生命的历程系列讲座（十三）生物大灭绝启示录》，《化石》2020 年第 2 期

图 6–4：郭沫若主编：《甲骨文合集》，北京：中华书局，1980—1983 年；郭沫若：《殷契粹编》，北京：科学出版社，1965 年

* 其他图片来自视觉中国

本书研究得到以下项目的支持：

国家重点研发计划“中国北方旱作农业起源、形成与发展研究”（2022YFF0903500）、国家社科基金一般项目“郑州地区仰韶文化中晚期畜牧业的动物考古学研究”（21BKG041）、中国社会科学院青年人才培远计划“中国海滨贝丘的发现和研究”、国家文化英才培养工程专项资助项目“遗贝寻踪：中国贝丘的故事”、重点实验室项目“中华文明科技考古资源标本库”（S20250601）。